国家级自然保护区生物多样性保护丛书

车八岭植物手绘笔记

张应明 韦嘉怡 主编

SPM 南方传媒 | 广东科技出版社
全国优秀出版社
·广州·

图书在版编目（CIP）数据

车八岭植物手绘笔记 / 张应明，韦嘉怡主编．—广州：广东科技出版社，2023.10
（国家级自然保护区生物多样性保护丛书）
ISBN 978-7-5359-8061-8

Ⅰ．①车…　Ⅱ．①张…②韦…　Ⅲ．①自然保护区—植物—始兴县—图谱
Ⅳ．① Q948.526.54-64

中国国家版本馆 CIP 数据核字（2023）第 038699 号

车八岭植物手绘笔记
Cheba Ling Zhiwu Shouhui Biji

出 版 人：严奉强
责任编辑：区燕宜
封面设计：柳国雄
责任校对：李云柯　廖婷婷
责任印制：彭海波
出版发行：广东科技出版社
（广州市环市东路水荫路 11 号　邮政编码：510075）
销售热线：020-37607413
https: //www.gdstp.com.cn
E-mail：gdkjbw@nfcb.com.cn
经　　销：广东新华发行集团股份有限公司
印　　刷：广州市彩源印刷有限公司
（广州市黄埔区百合三路 8 号　邮政编码：510700）
规　　格：787 mm×1 092 mm　1/16　印张 16.5　字数 390 千
版　　次：2023 年 10 月第 1 版
2023 年 10 月第 1 次印刷
定　　价：148.00 元

《车八岭植物手绘笔记》编委会

主　编：张应明　韦嘉怡

编　委（按姓氏音序排列）：

陈尚修　戴石昌　邓焕然　官海城
黄萧洒　栾福臣　邱绍聪　束祖飞
宋相金　谭海蓉　吴健梅　吴林芳
吴智宏　肖荣高　杨　森　翟伟伟
张　蒙

绘　画：李思雪　崔丁汉　曾　婕

前言

F O R E W O R D

广东车八岭国家级自然保护区（以下简称车八岭保护区）位于韶关市始兴县东南部，是我国南岭山脉过渡带的重要组成部分，总面积7 545公顷。车八岭保护区东与江西省全南县南迳镇接壤，距始兴县城43千米，距韶关市100千米，地理位置为北纬24°40′29″～24°46′21″，东经114°07′39″～114°16′46″。

车八岭保护区自1981年建立以来，资源管护、科学研究、自然教育、社区共建等功能得到充分发挥，保护成效显著，先后被评为“广东省青少年科技教育基地”“中国生物多样性保护示范基地”“广东最美的自然生态乡村”和“全国林业系统自然保护区建设管理工作先进集体”等。2007年9月经联合国教科文组织批准加入“世界生物圈保护区”网络，2018年被中国人与生物圈国家委员会（MAB）和国际动物学会（ISZS）纳入全国首批7个“野生动物红外相机监测项目试点保护区”之一，被中国林业学会定为“全国林草科普基地”。

车八岭保护区地处南亚热带向中亚热带过渡地带，区内生物资源极其丰富，分布有野生植物1 880种，隶属249科841属，其中苔藓植物49科165种、蕨类植物38科189种、裸子植物8科15种、被子植物154科1 511种。根据区内植被类型组成特征、动态特点和生境条件，可划分为4个植被型组、5个植被型、9个植被亚型、22个群系和54个群落。

本书以简洁文字结合手绘图片的方式介绍了200种车八岭保护区常见的野生植物，包括植物中文名、拉丁学名、科名、形态特征及扩展知识、花期、果期等基本信息。全书科、属系统的编排主要采用基于分子数据建立的现代流行分类系统，即蕨类植物按PPG Ⅰ系统，裸子植物按GPG Ⅰ系统，被子植物按APG Ⅳ系统。部分科、属因其所包含的属下类群地位调整较大，目前观点不一或资料不全，所以仍按照*Flora of China*或《广东维管植物多样性编目》所列编排。

生物多样性是人们赖以生存的基础，丰富的植物资源与人们的日常生活息息相关。希望《车八岭植物手绘笔记》一书能够为自然爱好者从不同角度识别与认知车八岭常见野生植物提供一定帮助，促进大家对自然资源的热爱与保护。

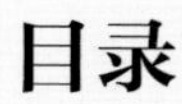
目录

CONTENTS

植株高度

长柄石杉
是蕨类植物

长柄石杉

Huperzia javanica (Sw) Fraser-Jenk

石松科 / 石杉属

初次听到石杉这个名字，或许我们会以为这是一种裸子植物，然而，石杉却是一种多年生常绿的蕨类植物，只是因为外形酷似杉木的小枝而冠以此名。长柄石杉分布于我国长江流域以南的亚热带地区，以及东南亚热带地区，常见于林下较潮湿的环境中。因形态相似，在很长的一段时间里，长柄石杉被认为是蛇足石杉的种下单元，二者均常被取用作药材“千层塔”，用以消肿止痛。出于对此类植物的保护，石杉属植物已全部被列为国家二级重点保护野生植物。

华南马尾杉

Phlegmariurus austrosinicus (Ching) L. B. Zhang

石松科 / 马尾杉属

植株高度

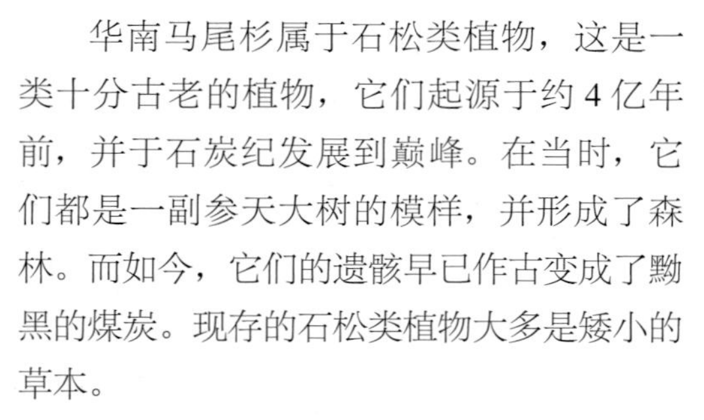

华南马尾杉属于石松类植物，这是一类十分古老的植物，它们起源于约 4 亿年前，并于石炭纪发展到巅峰。在当时，它们都是一副参天大树的模样，并形成了森林。而如今，它们的遗骸早已作古变成了黝黑的煤炭。现存的石松类植物大多是矮小的草本。

除了水韭科之外，石松类植物都拥有相对发达的茎，而叶片不发达，为小型叶，结构简单，单叶，只有一条中脉，叶二型，分为孢子叶和营养叶。

华南马尾杉分布于我国西南和华南一带，喜欢附生在林下的岩石上，茎簇生在一起，成熟枝下垂，长 20～70 厘米。营养叶长约 1.4 厘米，比孢子叶要大，黄色的孢子囊就生在孢子叶的叶腋处。马尾杉属具有很高的观赏价值，该属所有物种都是国家二级重点保护野生植物。

龙骨马尾杉

Phlegmariurus carinatus (Desv. ex Poir.) Ching

石松科 / 马尾杉属

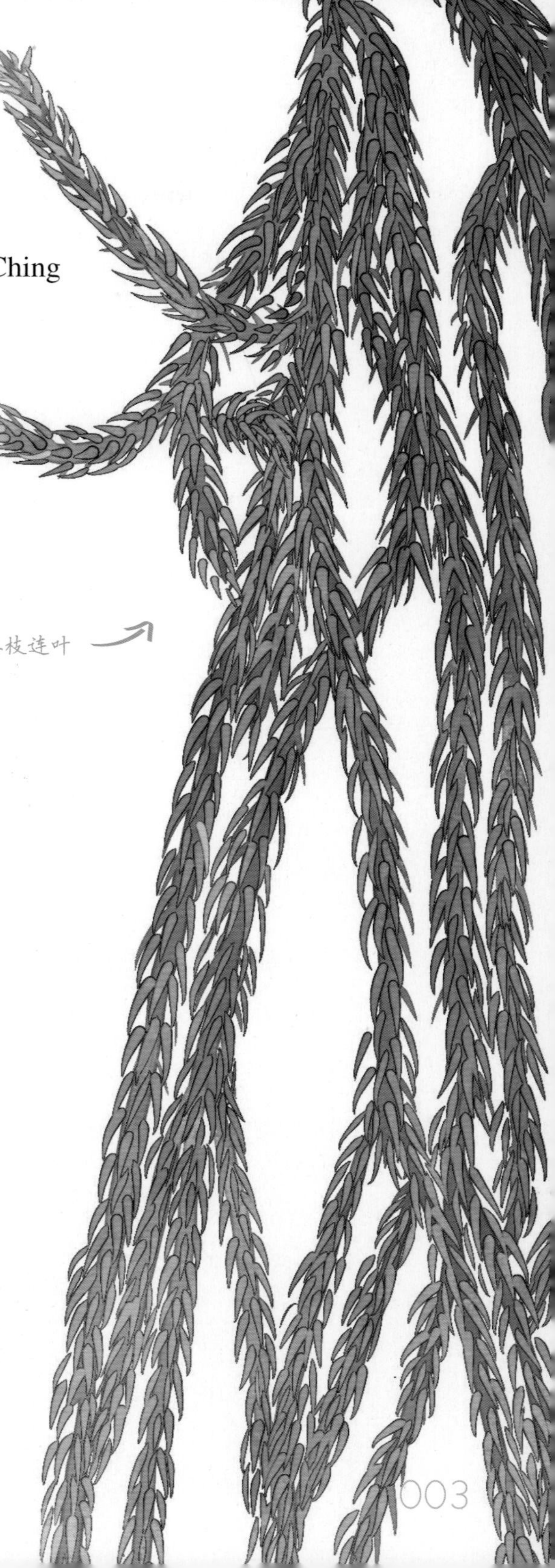

龙骨马尾杉茎枝连叶
犹如马尾

植株高度

作为石杉的近亲类群，马尾杉家族选择将家安置在茂密森林中的树干或石壁上，其长长的茎枝连叶呈绳索状下垂，多次分叉，犹如马尾，故而得名。与属内其他种类相区别，龙骨马尾杉的小叶较硬，背面隆起呈龙骨状，叶尖向外伸直，逆方向触摸具有刺手感。龙骨马尾杉是一种适生能力较强的蕨类植物，分布海拔可达 2 000 米。因美观的外形及较好的适生力，龙骨马尾杉是立体绿化的优良选材，近年来逐渐作为附生观赏植物被栽培。本属植物全部被列为国家二级重点保护野生植物。

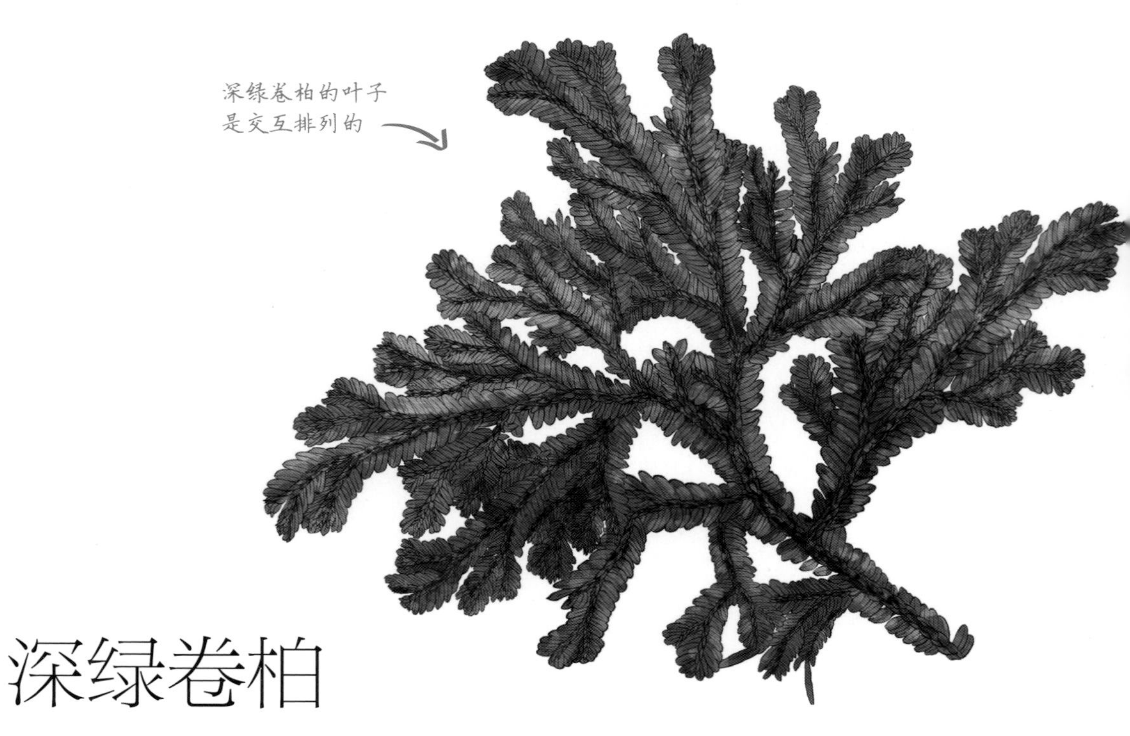

深绿卷柏

Selaginella doederleinii Hieron.

卷柏科 / 卷柏属

卷柏家族遍布全世界，从潮湿的热带雨林，到干旱的荒漠戈壁都有它们的身影。这个家族最著名的技能，就是少数物种拥有起死回生的“超能力”。部分生活在干旱地区的卷柏，如垫状卷柏、鳞叶卷柏等，在严重失水、干瘪焦黄宛如枯死之时，会自动切换至休眠模式；一旦水分合适，就能迅速恢复生机，人们称其“九死还魂草”，也叫复苏植物。

深绿卷柏喜欢生活在林下湿地，不属于复苏植物。它的基部横卧，株高25～45厘米。分枝扁平，有背腹之分。营养叶上面深绿色，下面灰绿色。孢子囊穗四棱形，生于枝顶，有大小孢子之分，大孢子白色，小孢子橘黄色。主要分布于我国西南、华南、华东等地。

植株高度

福建莲座蕨

Angiopteris fokiensis Hieron.

观音座莲科 / 莲座蕨属

莲座蕨是一类大型陆生蕨类，株高可达 2 米以上。因其粗壮肉质的叶柄基部扩大成蚌壳状并相互覆叠，形如观音莲座，故而得名。福建莲座蕨分布于福建、广东、广西等省区，喜欢生长在潮湿的林下及溪流边。因福建莲座蕨的叶片基部在干枯后呈马蹄状，在广东、广西，人们又称其为马蹄蕨、牛蹄劳，其块茎淀粉含量丰富，曾是一种食粮来源。在多种因素的影响下，本属植物面临严重的盗挖、盗采威胁，已全部被列为国家二级重点保护野生植物。

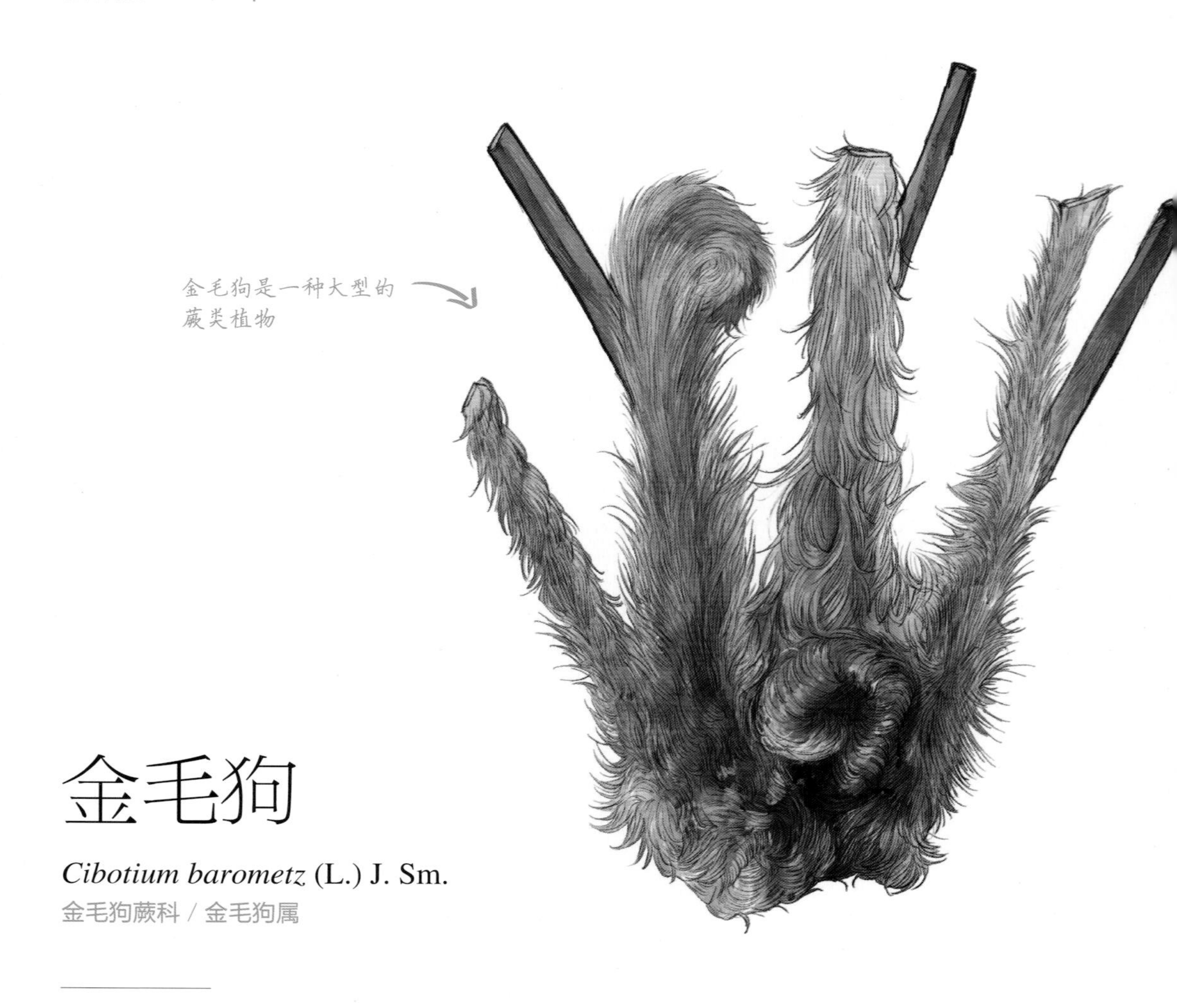

金毛狗

Cibotium barometz (L.) J. Sm.

金毛狗蕨科 / 金毛狗属

金毛狗是一种非常受欢迎的观赏蕨类，是许多人的梦中情“狗”。

它的根状茎和叶柄基部长满了厚厚的、金黄色的长茸毛，摸上去柔软而富有弹性，就像在摸一只温顺可爱的大金毛狗。

金毛狗能长到两三米高，是大型的树状陆生蕨类。它的羽状叶片高大挺拔，舒展飘逸，观赏性极高。它还是历史悠久的药用植物，可以说是非常优秀的植物。

但这种优秀却并未给它带来好运。人类的过度采挖导致它的生境破坏严重，野生种群和个体数量急剧下降，处于濒危状态。目前已被列为国家二级重点保护野生植物。

马尾松

Pinus massoniana Lamb.

松科 / 松属

马尾松是我国南方常见的一种高大乔木，其高度可达 45 米，山东、河南南部至华南地区均有分布及种植。其具有喜阳、喜温，耐干旱、贫瘠的特点，这也是其被作为先锋树种用于荒山造林、植被恢复的原因。

马尾松的树皮呈不规则的鳞片状，针叶多为 2 针一束，极少会出现 3 针一束的情况，通常可以通过该特征与属内其他相似的种类区别。马尾松的主干高大通直，生长速度快，其木材及树脂是许多轻、重工业的重要原料，是我国南方主要的优良经济树种。

马尾松的种子是长卵圆形的

竹柏

Nageia nagi (Thunb.) Kuntze

罗汉松科 / 竹柏属

竹叶柏身，这四个字完美地刻画出了一棵竹柏站立的姿态。叶似竹叶，但比竹叶更厚实，油润且有光泽。身似松柏，终年苍翠。

竹柏不会开花，因为它是裸子植物，只有被子植物才有真正的花。每年3—4月，雄性竹柏都会在叶腋间生出一些淡黄色的小穗穗，这是裸子植物释放花粉的部分，被称作小孢子叶球，我们也把它叫作雄球花。大孢子叶球生在雌性竹柏的叶腋处，通常我们管它叫雌球花。

雌球花的种子秋天成熟，外面裹着一层暗紫色的假种皮，表面还敷着些白粉，看着像个果实，但其实不是，它只是一个裸露在外的种子。它的种仁富含油脂，加工后可供食用及作工业用油。竹柏是一种常绿乔木，叶对生，在我国东南和华南地区有分布，是优良的园林绿化树种。

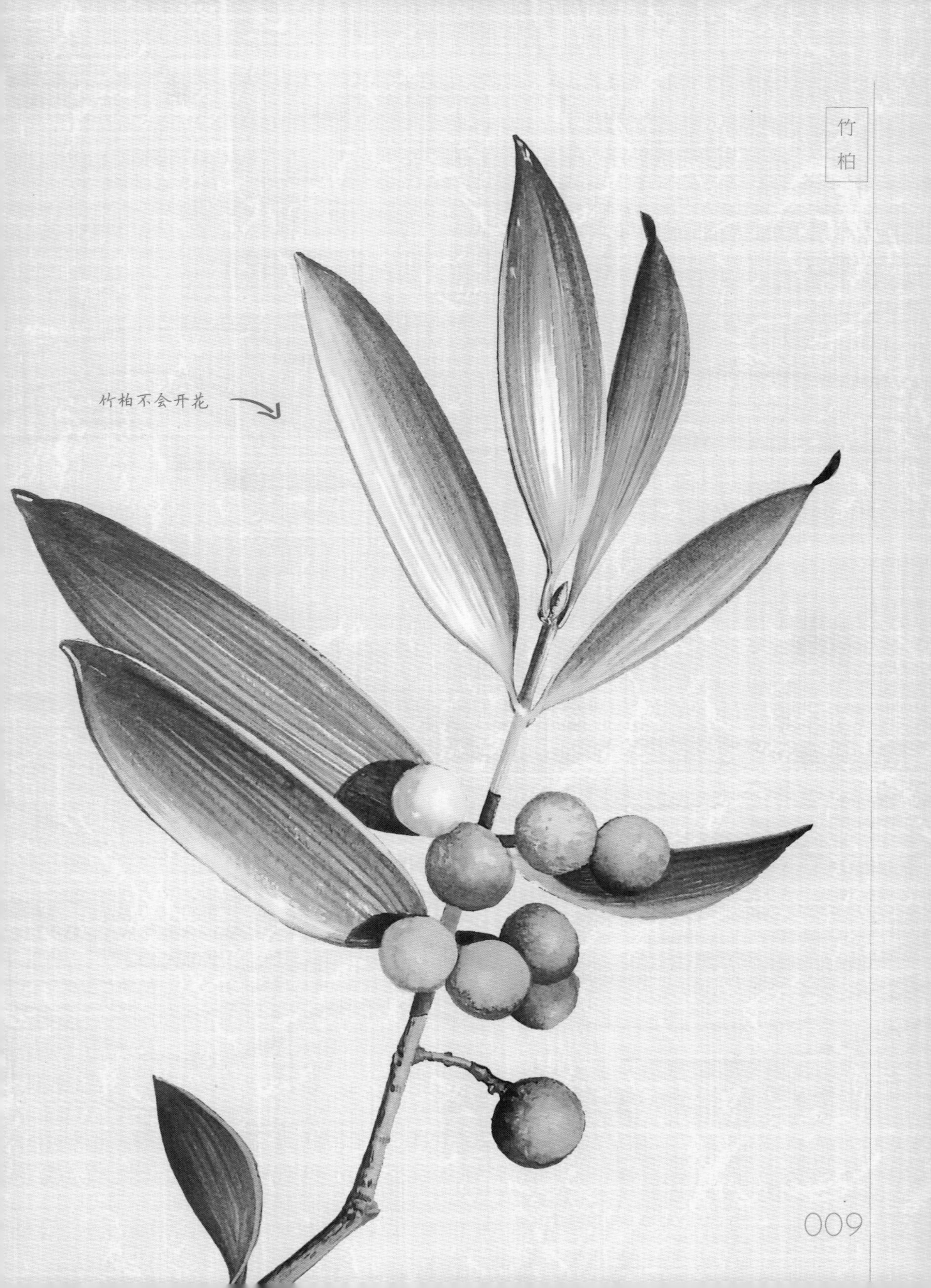
竹柏不会开花

百日青

Podocarpus neriifolius D. Don

罗汉松科 / 罗汉松属

花期 5

百日青是一种常绿乔木，高度可达 25 米，常与阔叶树种混生于我国南方地区的山林中，其分布足迹可至南亚、东南亚地区。百日青是一种裸子植物，因而无法结出植物学意义上的果实，只能结出种子。在它圆圆的种子下面，生有一个红色的肉质种托，看起来像庙里身披袈裟的罗汉，本属类群也因此得名罗汉松属。罗汉松属植物的叶片有明显的中脉，百日青也不例外，与南方地区常见的罗汉松对比，百日青的叶更长，可达 15 厘米，且百日青的叶片先端呈渐尖的长尖头状；而罗汉松的叶片先端钝尖，叶长最长仅为 10 厘米，可以以此将二者进行区分。

小叶买麻藤

Gnetum parvifolium (Warb.) C. Y. Cheng ex Chun

买麻藤科 / 买麻藤属

买麻藤类植物是裸子植物中的一个异类。大部分裸子植物都是高大的乔木，唯有买麻藤属于罕见的木质藤本。

它们的叶片宽阔，并且拥有细致的网状脉，类似于被子植物的叶片，就连体内运输水和养分的结构也是与被子植物类似的导管和筛管，而不是裸子植物的管胞和筛胞。它的花乍一看也很像被子植物的穗状花序，但实际上却缺乏真正的花部结构，花被状的东西其实是由孢子叶特化而来。最关键的一点，它的胚珠和裸子植物一样是裸露的。它所谓的果实，不过是一粒种子，外面一层红色的“果肉”，其实是它的假种皮。

小叶买麻藤是一种常绿的木质藤本，叶对生，长 4～10 厘米，宽约 2.5 厘米。雄球花穗短小，总苞只有 5～10 轮。和很多买麻藤植物一样，它的茎皮富含纤维，可做麻袋、绳索等。种子炒后可食，亦可榨油供食用。分布于华东、华南一带。

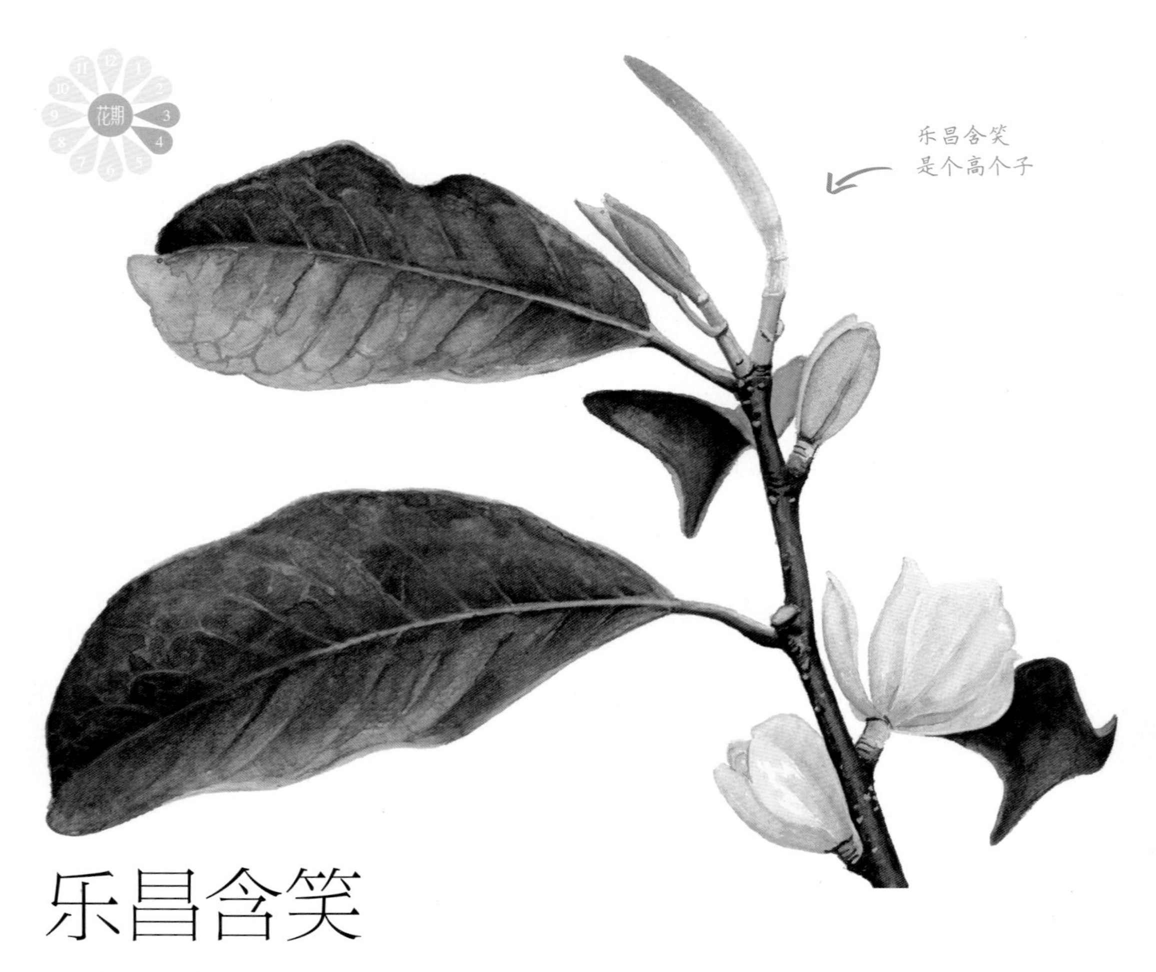

乐昌含笑

Michelia chapensis Dandy

木兰科 / 含笑属

含笑属是木兰科中较大的类群之一，与科内其他花朵绽放在枝头的类群相比，含笑属植物的花通常着生在枝条叶腋中，其花冠通常呈一种半开放的状态，像笑而不语的名门闺秀，因此得名含笑。也正因如此含蓄，符合我国对矜持、端庄等品行的古典审美，众多文人纷纷为之挥洒笔墨、题词颂歌。

乐昌含笑，因第一次在乐昌市两江镇被发现而得名。在含笑属中，乐昌含笑算是高个子了，其高度可达 30 米，在华东和华南地区经常被用作行道树。每年春天，乐昌含笑就会开出淡黄色的花，散发出阵阵沁人心脾的香气。

深山含笑

Michelia maudiae Dunn

木兰科 / 含笑属

早春二月，亚热带常绿阔叶林海拔600～1 500米的山谷深处，正在举办一场盛大的花事，深山含笑是主角之一。高大浓绿的树冠之上，一树繁花似雪，如天女散花一般布满山谷。风动处，幽香暗浮。

它的花很大，单生于叶腋处，花被片9枚，颜色洁白，像玉兰。但玉兰树会落叶，深山含笑则是常绿树种。它的叶片质感厚实，正面深绿有光泽，背面由于被白粉而呈现灰绿色。与常见的有着浓烈香蕉味的含笑比起来，深山含笑的香气明显要淡许多。

深山含笑是高大乔木，花期在2—3月，主要分布于华东、华南一带，是园林绿化中的常见树种。

观光木

Michelia odora (Chun) Nooteboom & B. L. Chen

木兰科 / 含笑属

观光木是含笑属的另一类常绿大乔木，树高可达 25 米。观光木是中国特有的古老孑遗树种，零散分布在我国南方地区海拔 500～1 000 米的阔叶林中。在植物命名中，部分种类会因纪念意义而以人名命名，观光木即是如此，其由我国著名植物学家陈焕镛院士命名，以此纪念我国近代植物分类学的开拓者和奠基者之一——钟观光先生。

作为孑遗植物，观光木对植物系统分类、古代植物区系、古地理及气候等研究有重要的科学价值。另外，观光木的自然结实率较低，种群分布零散，野外种群自然更新较为困难，需要人们持续关注和保护。

观光木

野含笑

Michelia skinneriana Dunn

木兰科 / 含笑属

野含笑花的大小和形状都与含笑很像，但含笑是常绿灌木，野含笑则是常绿大乔木。含笑很多地方都有栽培，其花有一种浓浓的、腻到化不开的甜香气。

野含笑的花淡黄色，也有香味，但没有含笑那么浓。所有含笑属植物的花朵都生在叶片的叶腋处，而常见的各种玉兰花则生在枝条的顶端。

野含笑的叶革质，叶片深绿色有光泽，花期 5—6 月，花被片 6 枚，长度只有不到 2 厘米，聚合蓇葖果黑色。分布于华东、华南一带。

黑老虎

Kadsura coccinea (Lem.) A. C. Sm.

五味子科 / 南五味子属

黑老虎凭借奇特的果实外形，长期在网络热门水果排行榜中占据一席之地，并因此得了个诨名——恶魔果实。不过它还有个听上去洋气一点的名字——布福娜，是苗语，意思是美容长寿之果。

它成熟的果实呈暗紫色，直径约 10 厘米或者更大，圆圆的看上去像足球，也有点像菠萝。因为它是由一朵花中的许多离生雌蕊发育而来，所以我们叫它聚合果。黑老虎可以吃，但野生的黑老虎大部分都不怎么甜，碰到甜的说明你运气好。

黑老虎是一种常绿的木质藤本，雌雄异株，在我国南方地区很常见，多生于海拔 1 500～2 000 米的山林中。夏天开花，花被片是漂亮的红色。秋天结果，果实很醒目。

异形南五味子

Kadsura heteroclita (Roxb.) Craib

五味子科 / 南五味子属

我们或许会在南方的山林中见到一种结着鲜红色小果子的大型常绿木质藤本，它们很有可能就是木兰科南五味子属植物！异形南五味子就是这个家族中的一员，常见于我国南方地区海拔400～900米的山谷溪林中，也广泛分布于东南亚地区。

南五味子属植物因其药用功能而为人知，异形南五味子也不例外，因其木质藤干及根茎内的汁液呈红色，常被称作“鸡血藤”，当然，它也有更独特的名字“地血香”，与真正的“鸡血藤”——豆科植物密花豆 *Spatholobus suberectus* 相区分。异形南五味子与家族中其他成员的区别主要在于褐色的小枝，黑色且有明显的纵条纹和椭圆形点状皮孔的藤干。每年的秋冬季节，异形南五味子就会结出近球形的鲜红色聚合小浆果，在深山密林中非常醒目，以便鸟儿们前来取食，从而使它们的种子散播各处。

鹰爪花

Artabotrys hexapetalus (L. f.) Bhandari

番荔枝科 / 鹰爪花属

花期

在自然界中，有许多植物因本身带有浓郁的花香气味，常被用作香精原料，鹰爪花就是其中的一种。鹰爪花是一种攀援灌木，因它的花瓣向内蜷缩收拢，与鹰爪极其相似，因而得名。鹰爪花绽放初期，花瓣仍为嫩绿色，待到渐渐转变成鹅黄色时，也随之释放出浓烈的香气。因此，在我国南方地区，鹰爪花常被用作绿化植物，为行人挥洒不经意间的一阵清香。鹰爪花与其同科内的“远房表亲”假鹰爪外观十分相似，二者的区别在于前者的花梗上有一弯钩，果实群集在果托上；后者则花梗无弯钩，果序呈念珠状。

香港鹰爪花的模式标本
是在香港采集的

香港鹰爪花

Artabotrys hongkongensis Hance

番荔枝科 / 鹰爪花属

香港鹰爪花比南方公园里常见的鹰爪花看上去要小得多，花瓣肉质，有香气，长度只有1～2厘米，是鹰爪花的一半，花期4—7月，在云南、贵州、广东、广西及湖南等地有分布。香港鹰爪花也是一种常绿的攀援灌木，但在园林中常被修剪成灌丛状，很少看到其攀援在树上的样子。

瓜馥木

Fissistigma oldhamii (Hemsl.) Merr.

番荔枝科 / 瓜馥木属

瓜馥木是一种可匍匐生长至 8 米的攀援灌木。同属于番荔枝科，瓜馥木的花朵同样具有芳香的气味，每年春夏时节，瓜馥木的枝头上就会挂满两三朵小花集成的密伞花序，香气袭人。正如它的名字所描述的那样，瓜馥木果实味甜可食，秋冬时节，一串串红红圆圆的小果实会挂满枝头。因攀援灌木的属性加持，瓜馥木的茎干柔韧性好，茎皮纤维长且韧实，曾用于编织麻绳、麻袋。瓜馥木攀援生长，似树似藤，风格别具，同样常被用于园林植物景观的营造，通常园林设计师会使其依附于墙垣之上，形成一派生机盎然的景象。

沉水樟

Cinnamomum micranthum (Hayata) Hayata

樟科 / 樟属

沉水樟的叶片有一种沁人心脾的香气，这是因为它的根、茎、叶中均含有挥发性精油，而精油中富含的黄樟素在医疗、日化等领域都有着广泛的应用，所以沉水樟是一种重要的日化香料经济树种。它树体高大，冠形优美，还是一种理想的城市园林绿化树种。

沉水樟的木材质地紧密，坚硬结实，比重大，入水可沉入水中，所以得名沉水樟。它的花较小，是两性花，但雌雄蕊几乎同时成熟，属于自花传粉。虽然开花和结果比较多，但落果率也高，这也是沉水樟种群濒危的原因之一。

沉水樟是一种常绿大乔木，常与黄樟混生，但是其短小的圆锥花序极易被识别，主要分布在华东、华南等地。

香叶树

Lindera communis Hemsl.

樟科 / 山胡椒属

香叶树是一种常绿灌木或小乔木，具有耐阴、耐旱的特性，因而分布范围较广，常与其他树种混生于我国南方地区干燥砂质土壤的阔叶林中。每年四五月，香叶树就大大方方地将它金黄色的小花挂满枝叶间，待到秋天，便结出满树红色的小果子，极富观赏性。香叶树的红色小果子富含油脂，含油率在40%～50%。虽然香叶树的果实含油率高，但因其含有较高的饱和脂肪酸，并不适合食用。香叶树的树形优美，树冠浓密，十分耐修剪，同样可用作园林绿化树种，栽种于隔离带或者道路两旁。

山鸡椒

Litsea cubeba (Lour.) Pers.

樟科 / 木姜子属

一些博学多识的吃货可能知道，山鸡椒还有个名字叫木姜子，而木姜子则是西南地区常见的一种调料。用作调料的木姜子不止包含一个物种，它是木姜子属几种植物的统称。木姜子属植物有一个共同点，果实里含有大量柠檬醛，使得其带有一种柠檬的辛香味。在三峡坝区一带，当地居民就常用山鸡椒的嫩果做调味品。

山鸡椒的花期在 2—3 月，米黄色的小花团团簇簇挤在一起，散落在早春尚显落寞的山间，十分招蜂，是亚热带山区比较重要的蜜源植物之一。它的花远看像蜡梅，但没有蜡梅的那种甜香，反而带着一种柠檬的清新气息，很醒神。

山鸡椒是落叶小乔木，雌雄异株，花、叶和果实都可以提取柠檬醛，广布于我国南方各省。

鸭公树

Neolitsea chui Merr.

樟科 / 新木姜子属

具有油细胞是樟科植物普遍的特点。油细胞分布于植物的根、茎、叶和果实中，是芳香油和油脂产生的主要场所。樟树、黄樟、沉水樟、阴香、木姜子、鸭公树等，都是含油量比较高的樟科植物。

鸭公树是一种常绿的大乔木，雌雄异株。叶片革质，表面深绿色有光泽，叶被粉绿色，但初生叶片则呈漂亮的嫩红色。它的叶脉是樟科植物常见的离基三出脉。黄绿色的小花一簇簇紧紧地贴着枝条开放，显得密密匝匝。花期 9—10 月，果期 12 月。果实成熟时红色，果核含油量在 60%左右，可供制作肥皂和润滑油等。鸭公树常见于华南和华东地区。

红楠

Machilus thunbergii Sieb. & Zucc.

樟科 / 润楠属

红楠是一种树形优美的常绿乔木，通常高 10～15 米。红楠的适应性较强，具有一定耐寒性，广泛分布于东亚地区的大陆及岛屿上。每当春天来临，红楠就会长出深红色的新叶，满树红艳，随着嫩叶的生长，叶片也依次出现深红、粉红、金黄、嫩黄、嫩绿等不同颜色的变化，五彩斑斓，极具观赏价值。七八月时，鲜红色的果梗上就会结出“黑珍珠”似的紫黑色小果实。红楠是园林设计者眼中理想的观果树种。

红楠是理想的
观果树种

闽楠

Phoebe bournei (Hemsl.) Y. C. Yang

樟科 / 楠属

在实木家具行业，楠木并不单指某一种树种，而是对樟科楠属和润楠属植物的统称，闽楠就是其中的佼佼者。闽楠是高大常绿乔木，高度可达 20 米，福建、江西两地是其主要产区。闽楠材质致密坚韧，不易开裂变形，其纹理、色泽美观，且有芳香气味，是上等用材树种，古人很早就发现其优良属性，并将之用于家具、雕刻、建筑、航船等。由于过去对闽楠的无节制砍伐，目前其野外资源濒临枯竭，现存树龄较高的个体极少。出于对野生闽楠的保护，我国已将其列为国家二级重点保护野生植物。

闽楠

紫楠

Phoebe sheareri (Hemsl.) Gamble

樟科 / 楠属

楠木是上好的木材，名气很大，但它不止包含一个树种，樟科楠属和润楠属植物的木材都可以叫作楠木。业内认为最正宗的楠木，则专指楠木本种，也叫桢楠。紫楠也是认可度较高的一种楠木。

紫楠是一种常绿的乔木，它的小枝、花序及花被片表面有许多柔毛。小花黄绿色，四五月开花，花被片 6 枚。雄蕊基部有 2 个蜜腺，泌蜜丰富，所以它也是一种良好的辅助蜜源植物。紫楠的果期在 9—10 月，结果时花被片并不脱落，而是紧紧地扒在果子上，果子成熟时为黑色。紫楠在长江流域及其以南地区都有分布。

厚叶铁线莲

花期

Clematis crassifolia Benth.

毛茛科 / 铁线莲属

铁线莲家族在园艺植物界可谓大名鼎鼎，铁线莲本种被赋予“藤蔓皇后”的美称，一个世纪前，植物猎人们就将原产于我国的铁线莲属植物带回欧洲并杂交繁育，培育出诸多花色丰富的铁线莲园艺品种。铁线莲属植物多为木质或草质藤本，部分为灌木和草本，其属名“*Clematis*”源于希腊语，意即藤蔓攀援的植物。其茎细且硬，老茎呈棕色或紫红色，看起来像细铁丝，因此中文名被译为铁线莲。厚叶铁线莲同样拥有这样的特征，作为原生种，厚叶铁线莲的花色并不出众，不过这并不妨碍它在南方冬日的暖阳里尽情绽放。

八角莲

Dysosma versipellis (Hance) M. Cheng ex T. S. Ying

小檗科 / 鬼臼属

我国古代有诸多关于神奇药草的传说和故事，多是于高山峡谷之中，生有一种外形奇特的仙草，具有某一方面的神奇疗效等，八角莲就是这样一种植物。八角莲是多年生草本植物，广泛分布于我国南方地区潮湿的常绿阔叶林下，常见于潮湿的溪流泉水边。八角莲的地下横生根状茎粗壮，地上的直立茎仅生有 2 片 7～9 个浅裂的盾状叶，像林地中突然出现的荷叶，因此得名“八角莲”。八角莲的花也较为秀美耐看，其花苞着生在靠近叶的基部，常数朵簇生，开出深红色的花朵，犹如一个个小灯笼悬于“荷叶”之下。自古以来，八角莲就以可治疗蛇毒等功效在药界闻名遐迩，加之奇特的外观，常有“仙草”的美誉。虽然八角莲及属内其他植物分布广泛，但因其野外资源易受到毁灭性的盗采、盗挖，本属现均已被列为国家二级重点保护野生植物。

八角莲

石龙芮

Ranunculus sceleratus L.

毛茛科 / 毛茛属

没开花的时候，石龙芮颇有几分像芹菜，所以有些人在挖野菜时，常常就把它当作野芹菜给挖回家了。然后……吃完就中毒了。石龙芮有毒，一定要牢记，其实不光石龙芮，毛茛属的不少植物都有毒。

石龙芮是一年生草本，喜欢生长在水边，多见于河沟湿地边。它的茎直立，多分枝。基生叶肾状圆形，3 深裂。茎生叶则是 3 全裂，裂片是细细的长条形。石龙芮有着典型的毛茛属的小黄花，花瓣 5 枚，花谢后会结出一个长圆形的聚合果，上面密密麻麻挤了许多小瘦果。花果期 4—8 月。全国各地均有分布。

石龙芮是
一种有毒植物

金线吊乌龟

Stephania cephalantha Hayata

防己科 / 千金藤属

很多人都没有发现，金线吊乌龟纤弱的草质藤本下面，居然藏了这么一个外表粗糙、硕大无比的团块状块根，如同用一根细线钓着一只大大的乌龟。如果植株生在土层深厚的地方，这只“乌龟”就会潜入土下很深的地方；但如果不小心长在了石灰岩地区土壤贫瘠的石砾之中，它又会悄悄地浮露于地表。

它的叶片也很奇特，叶柄很长，但不像常见植物那样长在叶片的边缘，而是盾状着生于叶片靠近基部的位置。花黄绿色，很小，不起眼，每年 4—5 月开花。雌雄异株，雌花序和雄花序都呈头状。果实成熟时呈红色，果核很特别，表面有花纹，并且呈现出一个马蹄的形状。除东北外，我国大部分地区都有分布。

尾花细辛

Asarum caudigerum Hance

马兜铃科 / 细辛属

细辛属植物通常是贴近地面匍匐生长的多年生草本，喜欢疏松肥沃、富含有机质的土壤。本属植物偏好较为阴湿的环境，因此多分布于林下荫蔽处。这个大家族分布范围极广，从我国东北至华南地区皆有分布。细辛的花大多朴实无华，色彩并不出众，往往花梗短小并下垂贴近地面，依靠在地面爬行的昆虫完成授粉。本属植物因地下茎纤细，且略有辛辣的味道，因此得名细辛，与本属的其他成员相比，尾花细辛的花被裂片先端骤然变窄，延长成一条细长的尾尖，像是长出了一条小尾巴，因此得“尾花细辛”之名。

尾花细辛

蕺菜

Houttuynia cordata Thunb.

三白草科 / 蕺菜属

蕺菜就是鱼腥草，也叫折耳根。蕺菜的茎叶有特殊气味，可以食用。在我国西南地区，蕺菜可是个万能菜，从调料到主菜，吃一天都没问题，但也有很多人接受不了它独特的味道。

蕺菜会在 4—7 月开出淡黄色的小花，这些小黄花集结成穗状，被底下 4 枚白色的苞片托举着，搭配周围的绿叶，也显得青白可爱。长江以南各省区都能看到蕺菜的身影。

三白草

Saururus chinensis (Lour.) Baill.

三白草科 / 三白草属

三白草，又称塘边藕，是一种生于水边的湿生草本，高 1 米有余。因在花期将至时，植株顶端 2～3 片绿色的叶片会转为白色，或是白绿各半，十分亮眼，因此被命名为“三白草”。本种隶属于一个种类非常少的小类群——三白草科，仅包含 4 属 6 种植物，但其足迹却遍布东亚和北美。尽管这个家族成员极少，但有一位鼎鼎大名的成员——蕺菜，即鱼腥草，作为鱼腥草的近亲，三白草也同样具有强烈的腥味，也具有悠久的药用历史。

小花黄堇

Corydalis racemosa (Thunb.) Pers.

罂粟科 / 紫堇属

紫堇属植物的花都很美，也很独特，看上去如同一只只轻巧的小鸟，高低错落。4枚花瓣，外侧2枚，上下排列；内侧2枚，左右排列。上花瓣的后方还有1个圆筒状的花距，那是藏蜜汁儿的地方。

它们的花色很丰富，蓝、紫、黄、粉……部分紫堇还能随着土壤的酸碱度改变颜色，乳白淡粉，浅蓝深紫，各种渐变，凭一己之力，就能幻化出万紫千红。

小花黄堇的花是明亮的黄色，跟常见的黄堇比起来，它的花小，就像名字里所说的那样。并且黄堇线形的蒴果呈念珠状，小花黄堇却不是。除东北和西北外我国大部分地区都有分布。紫堇家族富含生物碱，用对了是药，否则便是毒。

亮毛堇菜

Viola lucens W. Becker

堇菜科 / 堇菜属

亮毛堇菜是一种低矮的小草本，株高为 5～7 厘米，全株着生可反射光线的白色长柔毛，因此得名“亮毛堇菜”。本属植物约 500 种，足迹遍布世界各地，但主要分布于北半球的温带，我国约有 111 种，南北各省区均有分布。属内不少成员具有艳丽的花色，它们已被园艺家们驯化成常见的庭院观赏植物。有趣的是，其属名 *Viola* 在拉丁语中意为“堇菜”，却常被误译为“紫罗兰”，不过，这也恰好与这类植物常见的花色——紫色相一致。

香港远志

Polygala hongkongensis Hemsl.

远志科 / 远志属

香港远志是小型草本植物，因种加词 *hongkongensis* 而命名为香港远志。像远志一样，香港远志也是路边毫不起眼的开着小紫花的小草。一般人们说的小草，是指一株不知名的草本植物，但是对远志而言，它是真正的“小草”，《世说新语》中有言：处则为远志，出则为小草。晋人郝隆曾借此对谢安出山做官加以嘲讽：归隐于山中有远大的志向，而出山后默默无闻，可谓小草。而此后，谢安成了一名杰出的政治家。

香港远志
香港远志的
小花是紫色的

黄花倒水莲

Polygala fallax Hemsl.

远志科 / 远志属

黄花倒水莲的种子棕黑色，圆溜溜的，表面有许多白色的短柔毛。最特别的一点是，其顶端还有一坨像黄油一样半透明的油质体，里面富含蛋白质和油脂，常常会吸引寻找食物的蚂蚁或昆虫把整个种子拖回它们的巢穴。而巢穴内正是适合种子发芽的好环境，这样，黄花倒水莲就实现了传播种子的目的。

黄花倒水莲也叫黄花远志、黄花参等，是一种常绿的灌木或小乔木，喜欢生长在山谷林下的阴湿之处。花期5—8月，小花黄色，形成一个下垂的总状花序。云南、广东、广西，以及华东部分地区有分布。

齿果草

Salomonia cantoniensis Lour.

远志科 / 齿果草属

齿果草的花只有 2～3 毫米，肉眼可见的仅是一些紫花点点。乍看之下，花形很像豆科植物的蝶形花冠，必须得睁大眼睛，才能瞧出些远志科的端倪。萼片 5 枚，小到看起来几乎一样大。花瓣 3 枚，中间 1 枚最大，呈龙骨瓣状。和远志属的 8 枚雄蕊相比，齿果草属的雄蕊只有 4～5 枚。

齿果草的花期在 7—8 月，穗状花序顶生，花序轴上有狭翅。花谢果熟，肾形的果子两侧有一些小尖齿，这便是齿果草名字的由来。齿果草是一年生的直立小草本，小叶互生，具基出 3 脉。主要分布在我国华东、华中、华南和西南地区。

虎耳草

Saxifraga stolonifera Curt.

虎耳草科 / 虎耳草属

虎耳草是一种小巧可爱的草本植物，分布范围非常广泛，几乎存在于我国南方地区的每座山林、每个村庄。它那毛茸茸的叶子像极了动物的小耳朵，再加之叶面上白色的“虎纹”，“虎耳草”这个名字就这么诞生啦！像草莓一样，虎耳草可以生长出用以无性繁殖的匍匐茎，以拓展自己的生存范围。虎耳草尤其适合南方较为潮湿的石生环境、房前屋后，我们经常可以在墙缝里、石阶旁发现它的足迹。虎耳草也是一种非常美观的绿化观赏植物，园艺家们常用它来装饰碎石、假山等岩石景观。

火炭母

Polygonum chinense L.

蓼科 / 蓼属

很多植物的花瓣在授粉完成以后会逐渐脱落，但火炭母不会。它乳白色的、带着些许红晕的花被片，在授粉成功以后被留了下来。随着子房的发育，这些花被片会逐渐地变大、变胖，而后又慢慢地变蓝、变黑，最后呈现出肉肉的、透明多汁的样子，包裹着里面一个乌黑如炭的小瘦果。

火炭母的叶子也很特别。叶片中间有一个非常明显的暗紫色的“V”形斑块，广东人称之为“天师印”。有时候这个斑块也会呈现灰白色，或者干脆没有。

火炭母是多年生草本，花期在7—9月，我国华东、华南、华中和西南地区都有分布。

杠板归

Polygonum perfoliatum (L.) L.

蓼科 / 蓼属

杠板归是一年生攀援草本植物，三四月荣，九十月枯。其叶呈三角形，茎具有倒生的皮刺，分布于我国大部分湿润、半湿润地区，常依附于树干、树枝上。一般来讲，奇怪的植物名字总是伴随着有趣的故事，扛板归就是这样：相传曾有一人被毒蛇咬伤，奄奄一息，其同伴就用门板抬着他去看郎中，郎中当即用此植物煎药并喂给伤者，不一会儿的工夫，伤者便可下地走动，自己就可以扛着抬他来的门板回家了。不过故事归故事，扛板归也不会对毒蛇咬伤有立竿见影的效果，但我们还是可以从有趣的植物名称中，了解古人悠久的植物应用文化。

苋菜

Amaranthus tricolor L.

苋科 / 苋属

每个人应该都有一些关于苋菜的回忆：一盆乌油油的、紫红夹墨绿丝的炒苋菜，里面一颗颗肥白的蒜瓣儿被染成了浅浅的粉红色。那是因为烹饪破坏了苋菜的细胞壁，里面紫红色的苋菜红素被释放了出来。

苋菜的叶片颜色极为丰富。除了菜市场里常见的绿色和紫色叶片，还有花坛里的黄色、红色，斑斑点点，各种色彩混杂在一片叶片上。初夏，苋菜的顶端或叶腋会开出紫红色的穗状小花。花序上有雄花也有雌花，它们都只有 3 枚花被片。雄花有 3 枚雄蕊，雌花有个 3 裂的柱头。

苋菜初秋开始结果，果实类型在植物学上叫作胞果，即 1 个薄薄的果皮，疏松地裹着一粒种子，极易分离。苋菜哪儿都有，我国各地均有栽培，有时逸为半野生。

青葙

Celosia argentea L.

苋科 / 青葙属

南朝陈后主沉迷于音律酒色，曾创作一首词牌《玉树后庭花》，隋军兵临城下时，他还在宫廷中舞奏此曲，南陈就这样随着这首曲子灭亡，而这首《玉树后庭花》也成了亡国之音的代名词。许多人不知道的是，这里的后庭花指的就是青葙。陈后主见后院中的青葙亭亭玉立，以此来赞颂他的众多宠妃们。在为青葙背负上“亡国之花”的蔑称感到不值的同时，我们也能感受到青葙的俊秀。青葙是一年生草本，分布几乎遍布全国，每年秋天来临，那粉色的穗状花序变得愈发修长，秋风掠过，青葙便在风中摇曳起舞，独成一景。另外，园艺中也早就对青葙有应用，常用作节庆日花坛装饰的鸡冠花，即青葙的栽培品种。

青葙耐热
不耐寒

睫毛萼凤仙花

Impatiens blepharosepala E. Pritz.

凤仙花科 / 凤仙花属

漫步在热带和亚热带山区，在阴暗潮湿的树林下、流水淙淙的小溪河岸边，你多半就能看到各种美丽的凤仙花属植物。

尽管该属的每个物种都长得不大一样，但它们的花朵却都拥有共同的特征：花萼 3 枚，2 枚小的侧生，剩下 1 枚大的呈舟形，托举在花朵的下面，它的基部向外延伸，形成 1 个或长或短的距，距里面藏着花蜜。这枚特殊的萼片，常常被人们称作唇瓣。花瓣 5 枚，其中有 2 对常合生在一起，因此变成 3 片。竖起来朝上的是旗瓣，搭在唇瓣上的 2 片是翼瓣。

睫毛萼凤仙花是一年生草本，它的 2 枚侧生萼片有睫毛或细齿，所以被叫作睫毛萼凤仙花。它的花紫色，花梗中上部有 1 枚条形苞片，唇瓣上的细距长达 3.5 厘米。分布在华中、华东、华南部分地区。

绿萼凤仙花

Impatiens chlorosepala Hand.-Mazz.

凤仙花科 / 凤仙花属

仔细观察一朵凤仙花，你会发现同一植株上，部分花朵的柱头光滑碧绿，而另一部分的柱头上则好像套了一层半透明的膜。这层膜就是由雄蕊的花药黏合而成的，它贴心地套在雌蕊的柱头上，确保柱头不会接受到自己的花粉。此时，柱头还没什么用，这朵花在功能上是一朵雄花，只负责散出花粉。慢慢地，雌蕊的子房越长越高，就把雄蕊套膜给顶脱了，柱头暴露了出来。此刻，这朵花在功能上又变成了一朵雌花。靠着雌雄蕊时空上的隔离，凤仙花完美地实现了异花传粉，因此也造就了凤仙花属极高的物种多样性。

同样，在绿萼凤仙花上也能看到这个现象。它是一年生草本，因为侧生萼片呈现淡绿色而得名绿萼凤仙花。它的花朵淡红色，唇瓣上有红色条纹，距长2～2.5厘米，分布于广东、广西、贵州一带。

绿萼凤仙花

华凤仙

Impatiens chinensis L.

凤仙花科 / 凤仙花属

华凤仙是一年生草本植物，高 30～60 厘米。其种加词 *chinensis* 即“中国”的意思，因此得名“华凤仙”，不过这也恰好呼应了它那艳丽的粉色花冠。较属内其他成员而言，华凤仙的分布范围算是相对广泛的，在我国南方大部分地区可见。在水、热充足的条件下，华凤仙生长迅速，几乎全年可见开花，常在湿地及稻田边成片生长。盛花期的华凤仙，就像一群群翩翩起舞的蝴蝶在草丛中嬉戏，极为生动有趣。

管茎凤仙花

Impatiens tubulosa Hemsl.

凤仙花科 / 凤仙花属

管茎凤仙花的茎是中空的

管茎凤仙花是凤仙花属的另一成员，同为一年生草本，高30～40厘米。在拉丁语中，其种加词 *tubulosa* 的意思是“管状”，顾名思义，管茎凤仙花的茎是中空的，像管子一样。管茎凤仙花的株型直立，分支较少，其叶片密集生于顶端，在靠近枝顶的位置均匀地摊开，以便最大限度接受阳光的照射。管径凤仙花的花冠白色，内部有卵黄色的斑块，从远处看，花叶俱美，极为秀气。管径凤仙花对生长环境要求较高，多见于我国东南山地阴凉潮湿的林下或潺潺的溪水旁，夏末秋初，管茎凤仙花就会静静地在山谷中绽放它那极为秀气的花朵。

了哥王

Wikstroemia indica (L.) C. A. Mey.

瑞香科 / 荛花属

了哥王这个名字真的很奇怪。不过你可以大胆地猜测“了”也许是了结的意思，因为它全株都有毒。而且种子有剧毒，误食能致死，所以千万不要被它诱人的红果给迷惑了。

了哥王在我国南方的山坡上很常见。这种常绿的灌木叶片对生，茎秆柔软，韧皮纤维可以拿来做造纸的原料。它的花黄绿色，没有花瓣，看着像花瓣一样的东西其实是它的萼片，顶端 4 裂。

了哥王花果同期，幼果绿色，成熟时变红色，整个夏秋季节都能看到它的花和果。它虽然有很强的毒性，但也有很高的药用价值。主要分布在我国华南、华东、西南部分地区。

了哥王

北江荛花

Wikstroemia monnula Hance

瑞香科 / 荛花属

北江荛花是一种小灌木，高 50～80 厘米，是我国南方地区常见的山野植物，因其模式标本采于广东北江，故此得名“北江荛花”。虽然属于灌木，但北江荛花的高度不足 1 米，且枝茎细弱，在它没有开花的时候，你很难会注意到它的存在。不过待到春夏之交，北江荛花就会在它那细弱的枝茎上绽放出一簇簇粉白相间的花朵，尽有“一片山花烂漫”的景象。值得一提的是，这些细瘦的粉色小花并非花瓣，而是花萼。像瑞香科其他植物一样，北江荛花的枝条韧性十足，拿来缠绕打结都不会折断，正因为此特性，北江荛花是制作高级纸张的材料，古代皇家用纸“开化纸”即由北江荛花制造而成，是中国古代纸张中的极品。

光叶海桐

Pittosporum glabratum Lindl.

海桐花科 / 海桐花属

城市的公园路边有一种常见的绿化植物，叫作海桐，经常被修剪成圆滚滚的模样。五六月开花，花朵黄白色，不起眼，但却很香。果子秋天成熟，成熟后开裂露出里面红宝石一般的种子。种子之间粘粘连连，呈现出诱人的拉丝状，很显眼，鸟儿很喜欢吃。

光叶海桐跟海桐长得有点像，都是一种常绿的灌木。开黄色的小花，花萼、花瓣、雄蕊都是5枚，但聚生在枝顶的倒披针形的叶子看上去和海桐有明显的不同，而且光叶海桐的蒴果呈长筒形。光叶海桐主要分布于广东、广西、海南、贵州、湖南等地。

油茶

Camellia oleifera Abel

山茶科 / 山茶属

春天的油茶林是个令小孩子开心的地方，因为很多树叶间都结出了甜甜脆脆的茶耳和茶苞，可以吃。但这种美味的诞生却是因为油茶的叶片、嫩梢和子房感染了油茶饼病，它会造成油茶减产。

油茶是一种常绿的小乔木或灌木，冬春季节开花。花瓣洁白，先端还有一些轻微的凹入或 2 裂。花蕊是金黄色的，中间裹着露珠状的花蜜。它的种子可以榨油，因此叫作油茶。它和油棕、油橄榄、椰子一起，并称为世界四大木本食用油料植物。由于茶籽油富含不饱和脂肪酸、维生素 E 等，所以一直走的都是高级健康食用油的路线，价格也相当高。

油茶的蒴果圆球形，直径 2～4 厘米，3 室，每室有种子 1 粒或 2 粒，成熟时 3 裂。从长江流域到华南各地都有栽培。

油茶

油茶的花
是洁白的

普洱茶

Camellia sinensis (L.) Kuntze var. *assamica* (J. W. Mast.) Kitam.

山茶科 / 山茶属

普洱茶，即我国云南盛产的普洱茶这一植物，是茶树下属的一变种。其变种加词 *assamica* 即“阿萨姆”，但这并不代表该种原产地为印度阿萨姆，而是因为最初该种作为独立的种被发表时，阿萨姆地区盛产此茶并畅销世界，因此植物学家就以“阿萨姆”这一地名为其命名，后经分类学修订，普洱茶成为中国原产茶树的一变种。与原种相比，普洱茶的叶子更大更软，花及花萼也较原种更大，且花萼无毛。普洱茶偏好常年湿润凉爽的生长环境，因此其多产于海拔 1 000～2 000 米温暖潮湿的山地，在我国主要产于云南的南部、西南部和西部。事实上，普洱茶是一种中大型乔木，最高可达 16 米，在我国云南普洱市及西双版纳地区，不少茶山保留着原生的普洱茶古树，这些古树普洱茶的香气更醇厚，口感更丰富，其价格自然也较普通普洱茶更贵。

普洱茶
古树普洱茶
香气醇厚

紫背天葵

Begonia fimbristipula Hance

秋海棠科 / 秋海棠属

对于百姓而言，“紫背天葵”就是出现在寻常人家餐桌上的野菜——菊科菊三七属植物“红凤菜”。但在这里我们要介绍的是与它没有一点血缘关系的另一个物种——秋海棠科秋海棠属紫背天葵。紫背天葵是一种多年生的矮小无茎草本，具有球形根状茎，叶片呈心形或卵状心形，叶背呈紫红色，喜欢阴湿的环境，生长在山谷、溪边或林中阴湿的岩石上。与其他种类的秋海棠一样，紫背天葵的汁液尝起来也是酸酸的，在其模式产地鼎湖山，当地人们会用其叶子制作夏季消暑饮料，酸甜可口。

米碎花

Eurya chinensis R. Br.

山茶科 / 柃木属

花期

米碎花的花儿很小，像白色的小碎米一样挤挤挨挨，绽放在排成两列的叶子下面。蜜蜂应该很喜欢米碎花，它的花期在11—12月，是晚秋最末的一个蜜粉源植物。事实上，包括细枝柃、翅柃、格药柃等在内的许多柃木属植物都是很好的蜜源植物，用它们酿出来的蜜被称作野桂花蜜或山桂花蜜，呈浅浅的琥珀色，味道极芬芳。

米碎花是一种常绿的小灌木，雌雄异株，喜欢生长在路边的山坡灌丛之中。叶片薄革质，花小，白色，萼片5枚，花瓣5枚，雄蕊约15枚。子房无毛，花药不具分格。果子圆球形，成熟时紫黑色。米碎花在华东、华南等地区有分布。

木荷

Schima superba Gardner & Champ.

山茶科 / 木荷属

在我国华南及东南沿海各省的山林里，木荷是常见的树种，这不仅是因为木荷其本身拥有生长迅速、适应性强等生物学因素，还是人为选择的结果。木荷是一种亚热带常绿阔叶林中的高大乔木，因其白色的花朵如荷花一般香美，故而被赋名木荷。其继承了山茶科大家族叶片质地厚实、含水量高的特点，木荷的着火点比其他乔木更高，故而木荷是一种不容易燃烧的植物。正因为此，木荷被人们选择作为主要的森林防火树种，将其栽种在山脊和山脚。如今，以木荷为主的生物防火林带遍布南方各省的山地森林中，构成了一道道纵横交错的绿色长城。

岗松

Baeckea frutescens L.

桃金娘科 / 岗松属

岗松的枝条细细碎碎的，很适合做扫把。以前我国南方农村地区就常常用岗松做扫把，用它扫地时会有一种好闻的、淡淡的类似于柠檬的香气。这是因为岗松的枝叶里含有芳香油。

岗松是一种灌木，有时也能长成小乔木。就像它的名字一样，它平时喜欢站在向阳的、土壤贫瘠的山岗上，对生的小叶片又窄又细，跟松针很像。夏秋季节开花，拥有 5 枚花瓣的小白花像米粒儿一般，零零碎碎散落在细密的枝叶间。花虽小，但里头盛满了花蜜，是一种很好的蜜源植物。岗松还是酸性土壤的指示植物。分布于广东、广西、福建、江西等地。

岗松的枝叶里含有芳香油

桃金娘

花期 1 2 3 4 5 6 7 8 9 10 11 12

Rhodomyrtus tomentosa (Aiton) Hassk.

桃金娘科 / 桃金娘属

在你儿时的印象里，有哪些念念不忘的野果呢？想必“稔子”定是其中的一员吧？“稔子”也就是我们所熟悉的桃金娘，是一种一两米高的常绿小灌木，生命力极强，十分耐旱、耐贫瘠，在我国华南及东南沿海的山野地头十分常见。每年四五月，桃金娘粉嫩的花朵便开满山头，待到烈日炎炎的夏天来临，那一座座山上的桃金娘便成熟了。小时候的我们总是会顺手揪上几颗成熟的小果子，轻轻一掰，紫红色的果汁便流出来，果肉被尽数挤入口中，一颗又一颗，漫山遍野的果子怎么吃也吃不完。它也许就是承载了我们童年回忆的野果之一吧！

叶底红

Bredia fordii (Hance) Diels

野牡丹科 / 野海棠属

如你所想，叶底红的叶底是红色的。更准确一点，是紫红色。但你未必知道，这抹紫红色不是为了让它更好看，而是为了让它更好地活着。

在叶底红生活的地方——林下，阳光是个奢侈品，经过上层树冠的层层过滤，到了它这儿已经所剩无几，必须把阳光反复利用。因此，叶底红把花青素都转移到叶片的下表面，这样就可以把从叶面照进来的，没有吸收完全的紫光再次反射回去进行光合作用。花青素的浓度越高，叶背的颜色越艳，反射效果也越好。

叶底红是一种接近草本的小灌木，不但叶底红色，就连上部的小枝、花序、花梗、花萼上也有很多紫红色的柔毛和腺毛。它的叶片对生，基出脉 7～9 条，花紫红色，花期在 6—8 月。叶底红在华东、华南部分地区有分布。

地菍

Melastoma dodecandrum Lour.

野牡丹科 / 野牡丹属

地菍是野牡丹科野牡丹属的一种小灌木，其株高约 30 厘米，非常矮小，看起来就像是铺地的匍匐草本植物。地菍也是一种生命力极强的植物，不管是生长在干旱瘠薄的田间地头，还是条件更恶劣的岩石缝隙，地菍总是终年翠绿，给人展示出生机盎然的一面。每年夏天是地菍的盛花期，此时，一片片胭脂色的花朵簇拥着争相绽放，像是在青翠色的地毯上绣了成群的花朵，漂亮极了！作为南方地区常见的乡土植物，地菍也是不少小伙伴的童年回忆之一，它那紫黑色的小浆果酸酸甜甜的，伴有细细的沙粒感，丰富的色素也足以将你的牙齿及舌头染成深紫色，还会持续好长一段时间。

元宝草

Hypericum sampsonii Hance

金丝桃科 / 金丝桃属

元宝草的两片叶子紧密地对生在枝条上，以至于基部都合生在一起。从侧面 45º 俯视过去，还真有点儿像元宝。它的茎秆就从这个“元宝”中间贯穿而过。

金黄的花瓣，还有很多金黄的花丝，让元宝草看上去像缩小版的园林中常见的金丝桃，它们都是金丝桃属的植物。摘一枚花瓣，或者一枚萼片、一片叶子，迎着光，就能看到很多透明的腺点。有腺体，这也是金丝桃属的一个特点。

元宝草是多年生的草本植物，花期 5—6 月，花黄色，花瓣 5 枚，雄蕊 3 束，每束雄蕊 10～14 枚。果实类型为蒴果。

木竹子

Garcinia multiflora Champ. ex Benth.

藤黄科 / 藤黄属

说起山竹，大家的脑海里肯定会浮现出那甜甜的味道、糯糯的口感。在我国南方地区，也有一种与山竹十分相像的植物，即木竹子，因种加词 *multiflora* 意为“多花的”，故又称多花山竹子。木竹子是一种常绿乔木，分布于华南地区的山野乡间。不同于山竹紫色的外观，成熟后的木竹子呈橘黄色，与枇杷十分相像，其果肉味酸微甜，略带涩味，并不是一种好吃的水果。

甜麻

Corchorus aestuans L.

椴树科 / 黄麻属

能叫 X 麻的植物一般茎秆中都富含韧皮纤维，可以作编织和造纸的原料，常见的有亚麻、大麻、黄麻、苘麻，以及我国南方地区荒地上常见的杂草——甜麻。

甜麻是一年生的草本植物，长江以南各省区都有。它的茎秆红褐色，叶片卵形，基出脉 5～7 条，边缘有锯齿，但近基部的一对锯齿常常会往外延伸为一枚尾状的小裂片。到了夏季，它就会开出很平凡的、有 5 枚花瓣的小黄花。这些小花远没有它头上长角、身上有棱的长筒形蒴果有特点。

日本杜英

Elaeocarpus japonicus Sieb. & Zucc.

杜英科 / 杜英属

日本杜英是一种高大秀气的常绿乔木，其最高可至 25 米，广泛分布于我国长江以南的各个省，在日本、越南等国家也有分布。深秋是日本杜英最具诗意的时节，在低温的影响下，日本杜英叶片中的叶绿素逐渐转化为花青素，其叶片也由深绿色转为鲜艳的绯红色，在众多暗淡的叶片中显得格外耀眼。每当人们在树下驻足观赏的时候，倘若恰有一阵秋风拂过，那一片片红叶也随风飘摇，红绿相间，就如同鱼群在水草中畅游。也因如此，日本杜英现已在行道树及园林植物造景中被广泛应用。

山杜英

Elaeocarpus sylvestris (Lour.) Poir.

杜英科 / 杜英属

不管是在城市里，还是在温暖湿润的亚热带常绿阔叶林中，杜英属植物都显得很特别。因为它们虽然是常绿的乔木，但高大的树冠上却终年挂着一部分红叶。

常绿树木的每一片叶子都是有寿命的。尽管不会集中落叶，它们也会在全年不定时地更换掉一批老叶子。山杜英的老叶在掉落之前，就会变为鲜艳的红色，并选择在树上继续待上一段时间。

杜英属的花也很有特点，花瓣的顶端常呈撕裂状，这个特点跟红叶一样，让它具有很高的辨识度。山杜英的花瓣裂片有10～12枚，到了开花后期，花瓣和雄蕊脱落以后，基部橘红色的蜜腺就会露出来。所以，它也是一种蜜源植物。山杜英的花期在4—5月，在我国华东、华南、西南一带都有分布。

猴欢喜

Sloanea sinensis (Hance) Hemsl.

杜英科 / 猴欢喜属

猴欢喜是一种常绿乔木，主要分布在我国华南及东南沿海各省。虽然隶属于杜英科，但猴欢喜的果实外表与壳斗科栗属、锥属十分相像，都长满了十分扎手的刺，而这也成为这个古怪的名字的来源：野外的猴子看到猴欢喜果实，会误以为是板栗，准备饱餐一顿，谁知剥开后里面却没有好吃的板栗，真是空欢喜一场。当然猴欢喜名称的来源众说纷纭，但多半与其果实有关。每年六七月，猴欢喜的果实就会成熟变红，并裂开露出紫红色的内果皮，在绿叶丛中特别显眼，因此，猴欢喜也是华南地区常用的一种以观果为主的园林景观树种。

山芝麻

Helicteres angustifolia L.

梧桐科 / 山芝麻属

除了果实看上去和我们平时吃的芝麻差不多之外，山芝麻和芝麻再没有任何关系了。芝麻来自胡麻科，而山芝麻则归属于梧桐科。梧桐科植物的茎皮中富含纤维，所以山芝麻的韧皮纤维可作混纺原料。

山芝麻是一种小型的灌木，几乎全年都可以开花。小紫花的萼片 5 裂，花瓣 5 枚，雄蕊 10 枚。枝条上有许多灰绿色的短柔毛。山芝麻主要分布于华东、华南等地区，在南方的山地草坡上很常见。

两广梭罗

Reevesia thyrsoidea Lindl.

梧桐科 / 梭罗树属

两广梭罗是一种高大的常绿乔木，也是一种光听名字就知道它的分布地的植物，因其对热量要求较高，不耐冰雪，所以在我国，两广梭罗主要分布于南岭以南的华南地区。梧桐科植物的花很少单生，通常为圆锥状、聚伞状等，两广梭罗也不例外，每年三四月，两广梭罗聚伞状的白色花序就会在枝顶热情地盛开，满树白花，甚为壮观。

两广梭罗
两广梭罗是一种光听名字
就能知道分布地的植物

黄葵

Abelmoschus moschatus Medik.

锦葵科 / 黄葵属

黄葵在我国南方地区很常见。初秋的早上，乡村路旁、山间灌丛之中，时不时就能看到它明黄色的花朵映着朝日熠熠生辉。其花大如碗，紫心五瓣，色泽明黄。一朵花只开一天——旦开，午收，暮落。所以赏黄葵要趁早。

花谢后黄葵便会结出许多毛茸茸的小果子，一个个立在枝头上，有点像我们吃过的秋葵，但比秋葵明显要短许多。黄葵和黄蜀葵很像，二者仅一字之差，花、叶、果也都相似，常常容易混淆。但二者有一个明显的区别——黄葵花朵下面线形的小苞片数量为 8～10 个，而黄蜀葵只有 4～5 个。

黄葵是一年生或二年生草本，叶片掌状 5～7 深裂，全身有很多毛，花期 6—7 月，果实为蒴果。主要分布在我国华南、西南地区。

木芙蓉

Hibiscus mutabilis L.

锦葵科 / 木槿属

古文有言：芙蓉之名有二，出于水者，谓之水芙蓉，荷花是也；出于陆者，谓之木芙蓉，此花是也，因花艳如荷而得名。作为与荷花齐名的植物，在民间，木芙蓉更常以“芙蓉”之名自居。木芙蓉是我国传统经典的观赏花卉，原产于长江流域，其栽培历史已有数千年。自唐朝之后，木芙蓉成为广受百姓喜爱的观赏花卉，无数文人也毫不吝啬笔墨，写下无数赞美芙蓉之词。提到芙蓉，就不得不提它的故乡湖南，唐末五代诗人谭用之在《秋宿湘江遇雨》中写道，“秋风万里芙蓉国，暮雨千家薜荔村”，秋风细雨中，湘江两岸繁盛的木芙蓉连绵不尽，烟霭暮色下，绿色的薜荔笼罩着千家万户，自此，“芙蓉国”便成了湖南的代称。

木芙蓉的花朵大型

白背黄花棯

Sida rhombifolia L.

锦葵科 / 黄花稔属

白背黄花棯完美地继承了锦葵科家族的两个特征：茎皮中含有丰富的韧皮纤维，以及多枚雄蕊因为基部合生而抱在一起形成的雄蕊柱。这种类型的雄蕊在植物学中有一个专门的名称——单体雄蕊。

它是一种坚强的直立型亚灌木，抗干旱能力强又不择土壤，在我国华南和西南地区的山坡灌丛、旷野荒地中很常见。秋冬季节开花，花黄色，萼片 5 裂，花瓣 5 枚。它的花期长，花量大，种子数量也多。果实类型为蒴果。与同样常见的黄花棯相比，白背黄花棯的叶背因为具有灰白色的星状毛而呈现灰白色。

白背黄花棯的叶背呈灰白色

地桃花

Urena lobata L.

锦葵科 / 梵天花属

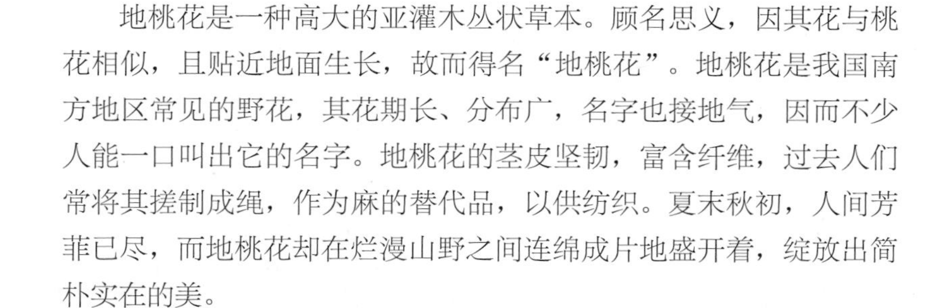

地桃花是一种高大的亚灌木丛状草本。顾名思义，因其花与桃花相似，且贴近地面生长，故而得名“地桃花”。地桃花是我国南方地区常见的野花，其花期长、分布广，名字也接地气，因而不少人能一口叫出它的名字。地桃花的茎皮坚韧，富含纤维，过去人们常将其搓制成绳，作为麻的替代品，以供纺织。夏末秋初，人间芳菲已尽，而地桃花却在烂漫山野之间连绵成片地盛开着，绽放出简朴实在的美。

算盘子

Glochidion puberum (L.) Hutch.

大戟科 / 算盘子属

算盘子的果子扁扁的，长得像算珠，所以叫作算盘子。但一棱一棱的表面，让它看上去其实更像一个微型的南瓜，所以也有人管它叫野南瓜。它的果实类型是蒴果，成熟后会开裂，露出里面朱红色的种子，很醒目。

算盘子雌雄同株或异株，黄绿色的花朵没有花瓣，只有花萼。雄花常生于枝条的下部，而雌花则在上部，所以结的果子也在枝条的顶端，常常把枝条都给压弯了。它的种子可以榨油，用来制作肥皂或者润滑油。除此之外，它还是一种酸性土壤的指示植物。

算盘子是一种直立灌木，单叶互生排成 2 列，花期 4—8 月，果期 7—11 月。长江流域及其以南均有分布。

石岩枫全株有毒

石岩枫

Mallotus repandus (Rottler) Müll. Arg.

大戟科 / 野桐属

石岩枫有时也被称作杠香藤，是一种攀援状灌木，有时呈藤本状，常生于斜坡石壁之上，广泛分布于秦岭—淮河流域以南的地区。因石岩枫的果实表面生有黄色粉末状的细毛，远远望去，犹如一串串金黄的豆子，所以又被称为黄豆树。同大戟科大家族的许多成员一样，石岩枫也是全株带有毒性的。

小果叶下珠

Phyllanthus microcarpus (Benth.) Müll. Arg.

大戟科 / 叶下珠属

花期

叶下珠属的果子通常都像个珠子一样，吊挂在枝条上排成二列的叶子下面。很少有人认识小果叶下珠，即便它在华南地区常见。但这并不妨碍它在自己小小的果子里藏了一个大秘密：如果你试图剖开小果叶下珠的果子，你会发现超过90%的果实里都住了一种小虫子——叶下珠头细蛾幼虫。这种头细蛾在小果叶下珠的雄花上采集花粉，然后为雌花传粉，同时在授过粉的雌花中产卵。头细蛾幼虫只消耗一部分种子即可完成发育，剩下的种子依然可以确保小果叶下珠后代的传播。两者之间维持着一种微妙的生态上的平衡。

小果叶下珠是一种灌木，雌雄同株异花，通常2～10朵雄花和1朵雌花簇生于叶腋，蒴果呈浆果状，花期3—6月，果期6—10月。

山乌桕

Triadica cochinchinensis Lour.

大戟科 / 乌桕属

山乌桕是一种喜光速生的落叶乔木，在我国南方地区广泛分布。作为乡土树种中的全能选手，林业工作者们对山乌桕的喜爱是不言而喻的。每当深秋来临，随着气温的降低，山乌桕的叶片也逐渐转变为殷红色，远远望去，如晚霞般灿烂。除了作为优良的秋色植物，山乌桕也是很好的生态林树种。山乌桕的花富含糖分，极易招蜂引蝶，是优秀的蜜源植物，蜂农们也格外喜欢将蜂箱布置在山乌桕数量多的山谷中。冬季，山乌桕那富含脂肪的果实则受到飞鸟们的喜爱，随着鸟儿的取食，山乌桕的种子也传播到山野之间。因而林业工作者们尤其喜欢将山乌桕种植在山林里，丰富当地植被的色彩，吸引昆虫和鸟类，提升生物多样性，以建设人与自然和谐共处的美好自然环境。

山乌桕乌黑的果荚里藏着雪白的种子

木油桐

Vernicia montana Lour.

大戟科 / 油桐属

木油桐又称千年桐，是我国南方地区一种高大的落叶乔木。同油桐一样，木油桐也是生产生物柴油的重要木本油料树种，但相比之下，其种仁含油率略低于油桐。与油桐相比，木油桐的叶片形如手掌，常具有2～5浅裂，叶柄具有2个杯状的腺体，果实具棱；而油桐叶片通常为卵圆形，叶柄处的腺体呈扁球形，果实光滑无棱。木油桐树干通直，树冠层呈伞状打开，姿态十分优美，是优良的风景园林树种。每到春末夏初，木油桐那层层叠叠的白色花序便挂满枝头，甚为壮观。

木油桐
木油桐的
叶片犹如手掌

油桐

Vernicia fordii (Hemsl.) Airy Shaw

大戟科 / 油桐属

油桐的种子可以榨油，榨出来的油就是桐油。桐油不能吃，但可以刷家具。漆了桐油的家具不长蛀虫，也不会霉变，最关键的是防水。旧时木制的脸盆、澡盆，还有传统的油纸伞，之所以不会漏水，就是因为刷了桐油。

桐花如雪，年年纷飞。每年春天，油桐就会开出满树白色、明亮的油桐花。同一个花序上有雌花也有雄花，雌花少，雄花多，而且雌花通常位于花序的顶端。雄花完成使命后，由于不需要孕育果实，便会整朵整朵地掉落。花量大时，满地落花就如同地面铺了一层白雪。

油桐是落叶乔木，全株有毒，种子毒性较大，注意不要误食。除西部和北部外，我国大部分地区都有分布。

常山

Dichroa febrifuga Lour.

绣球科 / 常山属

林下的常山经常开着略显阴郁的蓝白色的花朵，但偶尔也能见到明亮的粉色。

它的花瓣肉肉的，花虽然小，但整个花序大且花多，而且常山喜欢簇生在一起，一大片花盛开的时候就显得非常醒目。常山在 2—4 月开花，花谢后结出的浆果同样吸引眼球，是纯正的深蓝色。

常山喜阴，是一种小型灌木，叶对生，常常生长于山野林中的阴湿处，是良好的林下地被植物。常山在长江以南各省都有分布。

常山

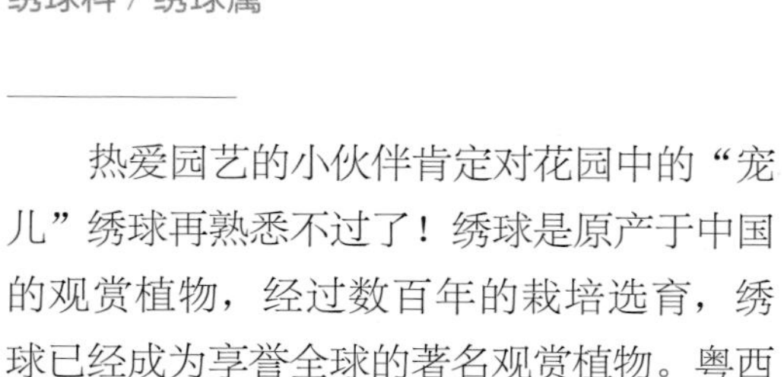

粤西绣球

Hydrangea kwangsiensis Hu

绣球科 / 绣球属

花期

热爱园艺的小伙伴肯定对花园中的“宠儿”绣球再熟悉不过了！绣球是原产于中国的观赏植物，经过数百年的栽培选育，绣球已经成为享誉全球的著名观赏植物。粤西绣球则是绣球属的另一位成员，作为原生种的粤西绣球，自然没有各类绣球品种丰满艳丽。粤西绣球原生于海拔 600～1 500 米的山谷密林中，一枝聚伞花序上，小巧的紫色可育花占了多数，大而亮眼的白色不育花（萼）仅在花序的边缘萦绕生长，就像几只粉蝶围绕着紫色的花翩翩起舞。在密林中，紫色的花并不容易被昆虫看到，为了便于蝴蝶、蜜蜂等前来给它授粉，粤西绣球只好先开出几朵大型的白色不育花（萼）来吸引这些授粉昆虫，等靠近绣球的花冠后，就会发现还有好多紫色的小花。就这样，白色的不育花便起到了给昆虫引路的作用。

钟花樱桃

Cerasus campanulata (Maxim.) A. N. Vassiljeva

蔷薇科 / 樱属

如果不算云南冬天开花的冬樱花（高盆樱桃），钟花樱桃应该是花期最早的一种樱花了。一月份，寒意仍浓之时，它就已经迫不及待地在枝头吐蕊绽放了。在我国的樱属植物当中，它不但花期早、抗病虫害能力强，而且拥有少见的玫红色花朵。很多著名的早樱品种，如椿寒樱、河津樱、大寒樱等，都是由钟花樱桃和其他樱花杂交而来。

钟花樱桃比较怕冷，在我国自然分布于华东和华南地区，长江流域也常见栽培。它的花期在 1—3 月，先花后叶。花瓣玫红色，不完全展开，呈钟形，而且花瓣前端有缺刻。它的萼筒也是红褐色的，宽钟形，无毛。这些花瓣和花萼的特征，在区分樱花品种时起到关键作用。它的果期在 4—5 月，果子成熟时为红色。

陷脉石楠

Photinia impressivena Hayata

蔷薇科 / 石楠属

陷脉石楠是一种高2～6米的灌木或小乔木，因其叶脉在叶片上显著凹陷，故而得名“陷脉石楠”。陷脉石楠的果实是一种梨果，意为其内部发育的结构像我们吃的梨子一样，这也是专属于蔷薇科部分植物（苹果亚科）的特征，在果实的先端还宿存萼片，这使得陷脉石楠的小果实形如一个个小坛子。同石楠属的其他植物一样，陷脉石楠的果实也呈现出鲜艳的红色，每年10月就会挂满枝头，等待鸟儿们取食，以便帮助陷脉石楠传播它们的种子。

陷脉石楠的
果实是红色的

豆梨

Pyrus calleryana Decne.

蔷薇科 / 梨属

豆梨，春天时有繁花如雪，铺天盖地。到了秋天，看片片红叶舞秋风。如豆般大小的梨果，表皮茶色布满斑点，虽然酸涩不堪食用，但也可酿上一壶果酒，向天饮。

豆梨是落叶大乔木，适应性强，耐干旱、贫瘠，可抗腐烂病，是我国南方主要的梨砧木品种。所以，即便你没见过豆梨，你也一定吃过从它身上长出来的梨品种。正因为豆梨如此优秀，所以才被引入美国并大量栽培，但因为它的适应性过强，果实和种子又多，通过鸟类和野生动物不断地四散传播，目前，它已经表现出明显的入侵性。

豆梨主要分布在黄河以南的区域，花期在 4 月。还有一种杜梨，果实大小、形状与豆梨很像，但区别在于后者的小枝密被灰白色绒毛，叶缘具有粗锐锯齿。而且杜梨主要分布在我国华北、西北地区，是北方主要的梨砧木品种。

石斑木

Rhaphiolepis indica (L.) Lindl. ex Ker Gawl.

蔷薇科 / 石斑木属

石斑木因其叶片呈轮辐状聚生于枝顶，故而又称车轮梅，是我国南方常见的观赏性小灌木。在野外，石斑木多生长于条件较为苛刻的石生环境中，较为耐旱、耐盐碱，因而在东南沿海一带多栽种其作为生态防护林。尽管隶属于蔷薇科，但相比同家族的樱花、海棠、月季等，石斑木可算是默默无闻了。但这并不能代表石斑木的颜值，实际上石斑木是一种颜值颇高、花开灿烂的植物，每当春天来临之际，石斑木圆锥花序上的小花便蓄势待发，等待天气变暖，这些小花们就会尽情地绽放。

高粱泡

Rubus lambertianus Ser.

蔷薇科 / 悬钩子属

说起悬钩子属，那“好看又好吃”的名气可是当当地响，诸如树莓、空心泡、覆盆子、山莓等，都是口味极佳的野果。与这些好吃的山野小浆果一样，高粱泡同属于悬钩子家族的一员，是一种稍大型的半落叶藤状灌木，会在秋天结出一串串红彤彤的果实。不过相比属内其他美味的野果，高粱泡经常会因为它的果实籽粒大而硬，果肉较少，吃起来干干的而被嫌弃。但好在高粱泡果实甜度还是有的，其产量也足够多，在江浙一带，人们常会将一串串的高粱泡采摘下来，用以自酿果酒，或是自制高粱泡野果酱，非常美味！

高粱泡

中华绣线菊

Spiraea chinensis Maxim.

蔷薇科 / 绣线菊属

绣线菊属的植物在城市中很常见，最惹眼的便是春季公园里的“喷雪花”了，它包括李叶绣线菊和珍珠绣线菊两种。它们的小白花都密密匝匝地裹在柔韧的枝条上，花量极大，常常聚成一大丛，状如激浪喷雪。

中华绣线菊虽然也开着类似的小白花，但整体气质看上去和它俩明显不一样。不同于喷雪花可以把整个枝条染白，中华绣线菊则是一个个圆形的大花球。每个小花都有 5 枚花瓣，20 多枚雄蕊。花心还有一个黄油般的、像甜甜圈一样的圆形花盘，可以分泌甜甜的花蜜。

中华绣线菊是一种落叶小灌木，叶互生，叶片菱状卵形或倒卵形，边缘有粗锯齿。花期 3—6 月，除东北和西北外，我国大部分地区都有分布。

中华绣线菊的
花朵是白色的

金樱子

Rosa laevigata Michx.

蔷薇科 / 蔷薇属

很多地方把金樱子叫作刺梨子，或者糖罐子，意思是说它的果实很甜。成熟的金樱子果实橙黄色，表面有许多扎手的小刺。把刺儿蹭掉，小心地啃上一口，果肉硬硬的，有一股甜甜的焦糖味。可惜口感太粗糙，又没有多少果肉，很少作为食物，但拿来泡酒倒是个好选择。

它的花儿很好看，洁白硕大，干净素雅，喜欢沿着带刺的藤蔓在五六月的山林间肆意地垂吊攀爬，十分醒目。

金樱子是一种常绿的攀援灌木，小枝和叶柄上都有散生的皮刺，小叶的数量通常 3 枚，稀 5 枚。长江以南各省区均有分布。它的果实类型被称作蔷薇果，可食用部分是肉质膨大的花萼筒，里面像种子一样的东西其实是它的木质瘦果。

阔裂叶羊蹄甲

Bauhinia apertilobata Merr. & F. P. Metcalf

豆科 / 羊蹄甲属

阔裂叶羊蹄甲原产于我国华南及东南沿海各省，与华南地区常见的红花羊蹄甲、宫粉羊蹄甲不同，阔裂叶羊蹄甲是一种可用卷须进行攀爬的常绿藤本植物。羊蹄甲属植物的叶片顶端通常分裂成两瓣，这使得它们的叶片形状看起来就像可爱的羊蹄，故而得名“羊蹄甲”。同羊蹄甲属内其他成员比较，阔裂叶羊蹄甲的叶片开裂程度较浅，且开裂的缺口较为宽阔，因而得名“阔裂叶羊蹄甲”。阔裂叶羊蹄甲的花冠较小，花瓣呈白色至淡绿色，相比于观赏型羊蹄甲并不起眼，但正因为其淡绿色的花，也使得阔裂叶羊蹄甲有了另一种绿意盎然的味道。

华南皂荚

Gleditsia fera (Lour.) Merr.

豆科 / 皂荚属

和皂荚树一样，华南皂荚的荚果也含有丰富的皂苷，可以洗衣服、洗头发，或者捣碎后加入其他原料制成香皂。古代人们一直都是这么做的，主要是用果肉部分。皂荚的种子也可以食用，更准确地说，吃的是种子里的胚乳，俗称皂角米，其主要成分是半乳甘露聚糖。但市场上售卖的皂角米通常只来自皂荚属的滇皂荚，而不用该属的其他物种。

华南皂荚是一种高大的乔木，像皂荚属的其他植物一样，其茎干上长满了由枝条特化形成的大粗刺，而且这些刺还有许多分枝。华南皂荚的叶片为一回羽状复叶。花杂性同株，绿白色，花瓣 5 枚，雄蕊 10 枚，花期 4—5 月。主要分布于华东和华南地区，而分布更广一些的皂荚树本种，花瓣只有 4 枚，雄蕊 6～8 枚。

老虎刺

Pterolobium punctatum Hemsl.

豆科 / 老虎刺属

在农村，被称为老虎刺的植物可太多了，如夹竹桃科假虎刺、冬青科枸骨等，但这多是老百姓口中的俗称，若是跟货真价实的豆科的老虎刺相比，那可就是“李逵遇李鬼”了。豆科的老虎刺是一种可长至10米的木质藤本，喜欢生长在我国南方地区阳光充足的山坡上，是一种对水分要求不高的植物，在石生环境中也可见老虎刺的踪迹。老虎刺还有一个有趣的别名“雀不踏”，那是因为老虎刺全身都有小小的倒钩刺，有一些夸张的说法：麻雀都不愿停留在老虎刺上，因为一旦陷进它的枝丛中，必定会被刮得遍体鳞伤。多年老藤干上的倒钩刺更像是老虎的爪子，故而得名老虎刺。老虎刺的果实虽为荚果，但每个果荚中仅有一粒种子，看起来颇像古代勇士们的大刀，每年的秋冬季节，当老虎刺的果实成熟时，红彤彤的一大片，如花似叶，漂亮极了。

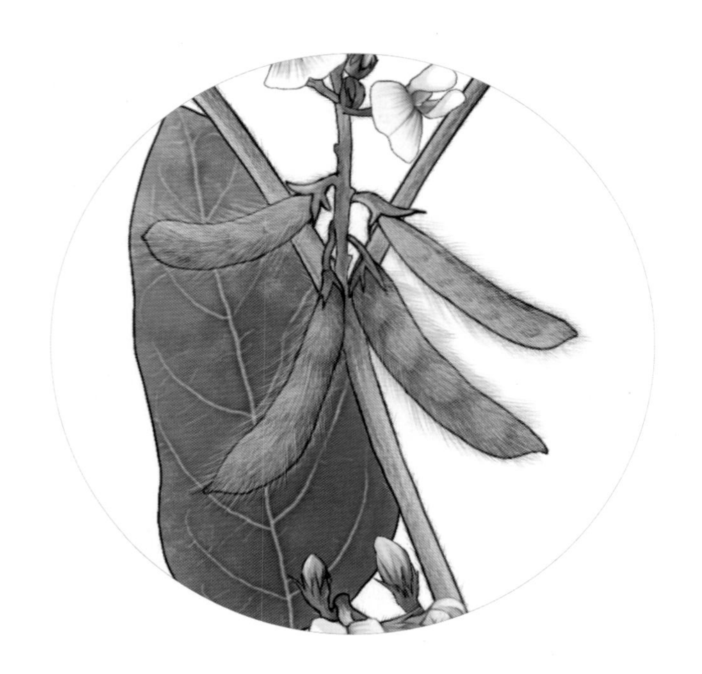

野大豆

Glycine soja Sieb. & Zucc.

豆科 / 大豆属

野大豆是一年生草质藤本，是我们日常食用的大豆 *Glycine max* 的近缘种，除新疆、青海和海南外，遍布我国所有的省份。野大豆具有许多优良的性状，如耐盐碱、抗病、抗寒等，在农业育种上，可使用野大豆进一步培育优良的大豆品种，在大豆种质资源的遗传多样性研究中具有非常重要的意义。

野大豆喜欢生长在中低海拔阳光充足、土壤肥沃、湿润的环境中，因生长环境的破坏和长期遭到人们的采挖，野外的野大豆植株数量急剧减少，作为重要的遗传种质资源，野大豆目前已被列为国家二级重点保护野生植物。

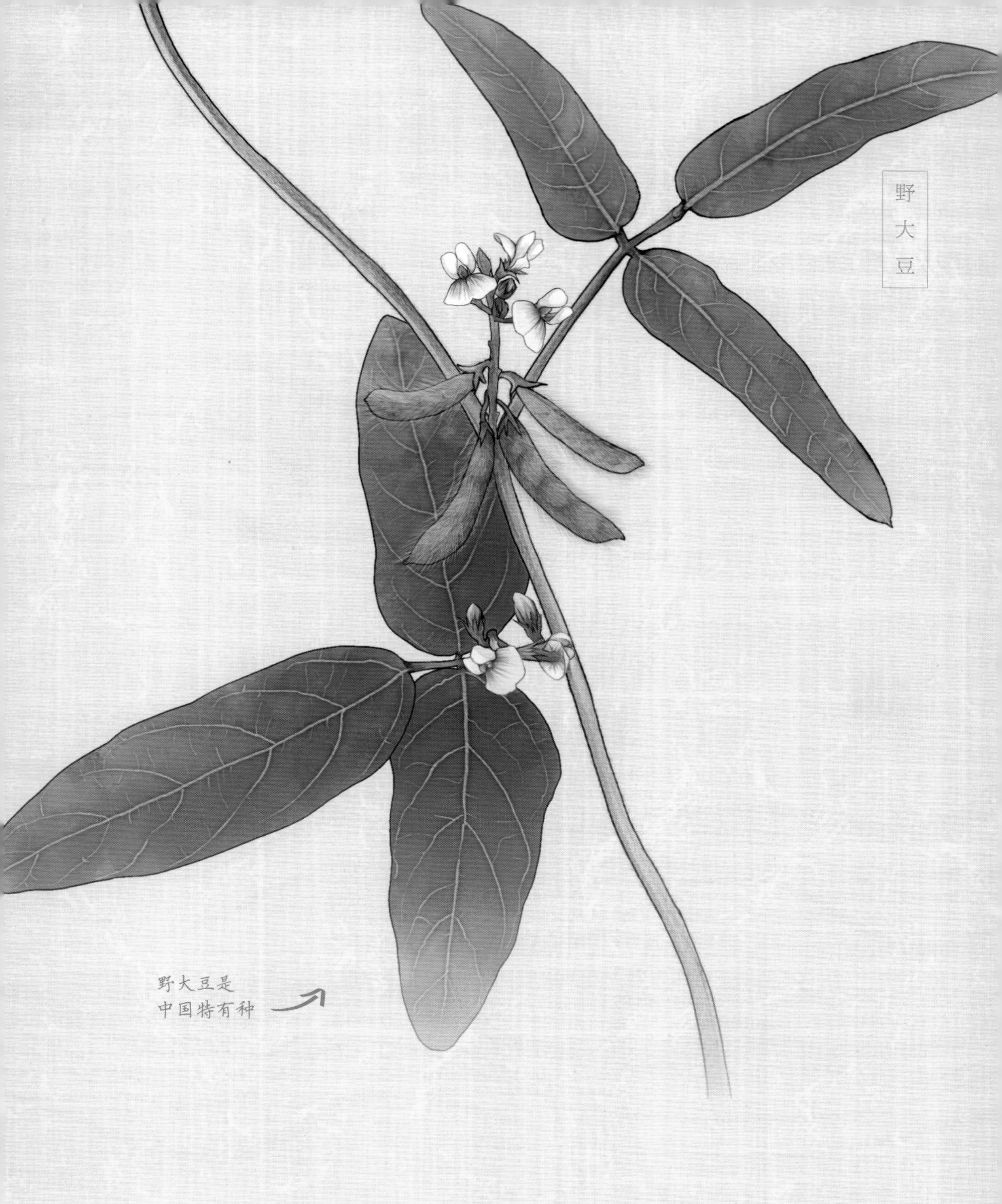
野大豆
野大豆是
中国特有种

紫云英

Astragalus sinicus L.
豆科 / 黄耆属

紫云英，很多人对这三个字很有感情。

因为它可以养田，使瘦田变肥。与之共生的根瘤菌能够将空气中的氮气转化为植物可以利用的含氮物质。紫云英开过花后，人们便将它翻个身，犁进土里。原来千娇百媚的身姿就成为一摊绿肥。

紫云英可以养猪，其产量高，蛋白质含量丰富，猪爱吃，养肥了好卖钱。紫云英还可以养蜂，因为它富含花蜜，是上好的蜜源植物。归根结底，它还是最养人，嫩嫩的茎叶入馔也很鲜。

紫云英为二年生草本，叶片为奇数羽状复叶，花期在2—6月，荚果长1～2厘米。产自长江流域各省区，我国各地都有栽培。

白花油麻藤

Mucuna birdwoodiana Tutcher

豆科 / 黧豆属

亚热带原始森林里的白花油麻藤其实看上去有点儿吓人，尤其是在不开花的时候，藤干扭曲苍劲，表皮黝黑，粗壮的茎蔓缠绕在山石间，犹如条条巨蟒。

等到开花就好了，白花油麻藤的花期在 4—6 月。盛放之时，一串串坚硬的、白中带翠的花序像瀑布一般，吊挂在粗壮的老茎上。它的花形奇特，龙骨瓣最长，如鸟喙。翼瓣微张，如双翅，酷似可爱的禾雀鸟，所以又称禾雀花。

白花油麻藤的花是可以吃的，新鲜的花朵甘甜可口，可凉拌、清炒，也可煮汤。花谢之后会结出一个长约 40 厘米的大豆荚，但种子有毒，不能食用。白花油麻藤在我国华南、西南、华东地区都有分布。

花榈木

Ormosia henryi Prain

豆科 / 红豆属

花榈木又称花梨木，是一种常绿乔木，喜光耐阴，是我国南方地区常见的乡土树种。花榈木在我国有着悠久的使用历史，早在唐朝时期，花榈木就被应用到木制家具及器物上。不过由于认知的不足，彼时人们常将产自岭南地区的檀类与在南方广布的花榈木混为一谈，统称为花梨木。同这些名声远扬的红木用材一样，花榈木的木材也具有致密坚硬、纹理美观等优点，它那偏红的色泽也会随着时间的推移愈发有韵味。作为红豆属的成员，花榈木的种子也十分漂亮，每当秋天来临，那亮红色扁圆形的种子就会高高地悬挂在枝头。不过这红色的种皮却给它带来繁殖后代的困扰，过厚的种皮及抑制物质的存在，使得花榈木的自然萌发率仅为16%左右。千百年来人们不断地对花榈木砍伐利用，加之其自然更新困难，野外的花榈木植株已经接近濒危，为了保护这一树木界的优秀选手，花榈木已被列为国家二级重点保护野生植物。

秃叶红豆

Ormosia nuda (How) R. H. Chang & Q. W. Yao

豆科 / 红豆属

“红豆生南国”里的红豆，应该就是红豆属某些物种的种子。因为本属植物的种子均为鲜红色至亮褐色，质地坚硬且有光泽，常用来做各种装饰品，它的属名即由希腊语中的项链一词 hormos 转化而来。我国的红豆属植物也主要分布在五岭以南的南方地区。

红豆属植物大多是高大的乔木，星散分布于热带和亚热带的常绿阔叶林中。它们的木材都以致密坚实、纹理漂亮著称，可以做各种高级家具和工艺木雕等。但目前红豆属植物中的所有野生种群除了小叶红豆被列为国家一级重点保护野生植物，其余树种都属于国家二级重点保护野生植物。

与该属的其他物种相比，秃叶红豆的奇数羽状复叶具有小叶片 2～3 对，叶柄叶轴微有细毛。荚果黑色，长度约 5 厘米，果瓣内壁具横隔。种子暗红色，较小，长度接近 1 厘米。花期 7—8 月。分布于广东北部、贵州南部、云南景东、湖北利川等地。

秃叶红豆的
荚果是黑色的

软荚红豆

Ormosia semicastrata Hance

豆科 / 红豆属

软荚红豆是一种高 10 余米的常绿乔木，喜欢温暖潮湿的气候，不耐寒冷，因而仅分布于我国岭南地区。与其他多数红豆属植物或长或扁的荚果不同，软荚红豆成熟后的荚果就像一个小黑球，里面仅包含一粒鲜红色的种子，像极了寺庙里僧侣们敲的木鱼。软荚红豆枝繁叶茂，树形优美，常作为庭荫树种植在房前屋后。在果子成熟的季节，林林总总的红豆子成片挂在枝头，这时就总会感慨，“红豆生南国……此物最相思”呀！事实上，整个红豆属成员的木材均有着坚实紧密、色泽美观等优点，同样它们也面临着自然更新困难和人为砍伐的威胁，因而包括软荚红豆在内的整个红豆属均被列入《国家重点保护野生植物名录》中。

软荚红豆

木荚红豆

Ormosia xylocarpa Chun ex Merr. & H. Y. Chen

豆科 / 红豆属

森林里的木荚红豆生活得并不好，和其他红豆属植物一样，它的野外种群在不断地减少。地理分布及生境狭窄，种群数量极少，无幼苗，幼树个体少，缺乏自我更新能力，这些都是红豆属物种需要共同面对的困境。

红豆属大多数物种的种子休眠期长，不易发芽，繁殖能力和传播扩散能力差，再加上人为干扰和生境破碎化，这些都是限制红豆属植物种群更新和扩繁的重要原因。木荚红豆被列为国家二级重点保护野生植物。

木荚红豆奇数羽状复叶有小叶2～3对，小枝、叶柄、叶轴上密布黄褐色短柔毛。荚果长约6厘米，表面同样密布黄褐色短毛，果瓣内壁具横隔。种子亮红色，长约1厘米。花期6—7月，果期10—11月。分布于华东和华南部分地区。

木荚红豆

木荚红豆的花
是有香味的

葛

葛是我们餐桌上常见的食物

Pueraria montana (Lour.) Merr.

豆科 / 葛属

见证了中华民族几千年文明发展的植物并不多，但葛肯定是其中的一员。葛是一种粗壮的藤本植物，紫色的花瓣，翠绿色的新叶，甚是优雅。《诗经•葛覃》中就有一段这样的描述："葛之覃兮，施于中谷，维叶莫莫。是刈是濩，为絺为绤，服之无斁。"大概意思就是，枝叶茂盛的葛藤爬满了山谷，割回来蒸煮一下做成衣服，穿在身上真是舒服啊！从新石器时期开始，我国古代的先民就已经开始使用葛进行织布制衣了。在汉代麻还没有被大规模种植之前，葛一直是古人主要的纺织原料。当其逐渐褪去织布制衣的光芒时，葛仍因为其食用价值和药用价值，被人们广泛栽培种植。直到今天，葛依然常出现在千家万户的餐桌上，继续陪伴着民族文明的发展。

枫香树

Liquidambar formosana Hance

阿丁枫科 / 枫香树属

关于枫香树，很多人都不知道它可以拿来制作乌米饭。在云南、贵州、广东、广西少数民族聚集的地方，人们用枫香树的嫩叶来浸泡糯米，将糯米染成黑色，蒸熟后即成七彩糯米饭中的乌米饭。

秋天是枫香树最美的季节。低温、短日照和较大的温差，使叶绿素合成受阻，同时，原有叶绿素开始不断地分解，花青素开始合成。枫香树的叶子也因此呈现出明亮的、深浅不一的红色。

枫香树的茎中有树脂道，割开树皮后便会流出带香味的树脂，这就是枫香。它木质的球状果序圆圆的，表面有很多小刺和孔洞，内外通透，所以人们给它起了个有趣的名字“路路通”。枫香树在春天开花，同一棵树上既有雄花序，也有雌花序。在黄河以南各省区都有分布。

枫香树的果实有个
有趣的名字“路路通”

半枫荷

Semiliquidambar cathayensis H. T. Chang

金缕梅科 / 半枫荷属

半枫荷是一种常绿乔木，高 15～20 米，分布于我国岭南地区的深山密林中。半枫荷是一种较为稀有的神秘植物，1962 年，中山大学植物学教授张宏达以该种建立半枫荷属。半枫荷的部分叶片呈掌状 3 裂的形态，与枫香树相似；有一些叶片则只有 2 裂或不裂，又与枫香树相区别，这也是其名称的由来。半枫荷的科研价值体现在它的传统形态学分类上，因其同时具有枫香树和蕈树两种植物的特点，也就成为研究物种演化关系的理想材料。

米槠

Castanopsis carlesii (Hemsl.) Hayata

壳斗科 / 锥属

和甜槠一样，米槠的种仁微甜，也是可以食用的。壳斗科中板栗所在的栗属，以及锥属中壳斗有刺的一些树种，它们的坚果都是以淀粉和糖类为主，单宁含量很少。

栗属和锥属中多数树种的种子，自古以来都被视为木本粮食作物。但两个属的物种之间有一个非常明显的区别，即锥属植物都是常绿的乔木，而栗属则是落叶的。

米槠的叶片排成 2 列，雄花序近顶生，雌花生在总苞内。授粉后总苞会发育成壳斗，完全包裹着内部的坚果。壳斗球形带刺，长度为 1～1.5 厘米。分布于长江以南各地。

栲

Castanopsis fargesii Franch.

壳斗科 / 锥属

栲是一种多见于我国南方地区的常绿高大乔木，其最高可达 30 米。栲所属的壳斗科旧称山毛榉科，是一类在世界广泛分布的乔木类群，其中不乏橡树（栎属统称）、板栗等广为人知的树种。栲所在的锥属与板栗所在的栗属较为相似，锥属的属名 *Castanopsis* 即来自 *Castanea*（栗属）+opsis（希腊语，模样）的组合，这两个属中多数种的种子都富含淀粉，自古以来便被视为木本粮食。像板栗一样，栲的种子也全部被带刺的壳斗外壳包裹，只有等成熟后，棕色的种子才会完全暴露出来。每年 8—10 月是板栗和栲等植物果实成熟的季节，这时，我们就可以带上长长的竹竿，向着栲树上的果实敲去，不一会就可以收获满满一大筐小坚果啦！

毛锥

Castanopsis fordii Hance

壳斗科 / 锥属

漫步在亚热带常绿阔叶林的树林下，你会发现，这里生长的常绿乔木都有一个共同点——叶片多呈长椭圆形，革质，质地稍坚硬，叶表面光泽无毛，而且叶片排列方向常与太阳光线垂直，便于充分吸收光照。

而锥属植物作为亚热带常绿阔叶林常见的建群树种，同样具有这些特点。毛锥的叶片呈长椭圆形，革质有光泽，一年生的枝条、叶柄、叶背及花序轴均密被棕色或红褐色的长绒毛，雄花序的多个穗状花序常排成圆锥状。壳斗外密布尖刺，几个壳斗一起挤在枝条上。分布于我国东南部分省区。

雷公青冈

Cyclobalanopsis hui (Chun) Chun ex Y. C. Hsu & H. Wei Jen

壳斗科 / 青冈属

雷公青冈是一种高约 20 米的常绿乔木，分布于南岭山地及珠江水系。青冈属植物与栎属植物亲缘关系相近，它们的果实形状都与《冰河世纪》中小松鼠所抱着的果实的模样类似。不同的是，栎属植物壳斗上的小苞片呈覆瓦状排列，而青冈属植物的小苞片则呈轮状排列，愈合成同心环带的模样。雷公青冈的果实在尚未成熟时，被黄褐色的绒毛覆盖，等到成熟后，这些黄褐色绒毛则逐渐脱落，成熟后的果实扁扁圆圆，十分可爱。说起雷公青冈，它还有一个名字叫作胡氏栎，为我国著名植物学家陈焕镛先生首先发表，并以另一位著名植物学家胡先骕先生的姓氏命名，这也成为当时植物学界两位领军人物间深厚友情的见证。

朴树

Celtis sinensis Pers.

榆科 / 朴属

朴树在城市园林中很常见，有朴树的地方通常也会有榉树，一般都是前榉后朴，即屋前种榉，宅后栽朴，象征“中举”“家中有仆”之意。

朴树的树干大多不够挺拔，但胜在古朴，虬曲苍劲，葳蕤成荫，适合用于园林造景。而且朴树的生长速度快，寿命也很长，有很多巍峨的百年古树至今犹在。它木质坚硬，可用来制作家具和枕木，也可作为建筑材料。朴树的韧皮纤维可以用来造纸和作人造棉。果实榨油可制肥皂、润滑油。

朴树的花期在 3—4 月，花杂性同株，叶脉为三出脉。果实单生于叶腋，成熟时橙黄色，果柄与叶柄近等长。分布于河南、山东，以及长江以南各省区。

白桂木

Artocarpus hypargyreus Hance ex Benth.

桑科 / 波罗蜜属

白桂木又称胭脂木、将军树，是一种高约 20 米的常绿大乔木，分布于我国南岭以南地区。桑科植物通常都具有乳汁，白桂木也是如此，倘若不小心折断了它的枝叶茎干，就会有黏稠的白色汁液流出。像波罗蜜一样，白桂木是雌雄同株的植物，其果实为聚花果，很像一个迷你版的波罗蜜果，它的果实由白绿色变为黄橘色便是成熟的标志。岭南地区的人们常会将白桂木酸甜的果实采下，制成清热开胃的果酱、蜜饯等，别有一番风味。

构树

Broussonetia papyrifera (L.) L’Hér. ex Vent.

桑科 / 构属

花期 1 2 3 4 5 6 7 8 9 10 11 12

构树是常见的杂树。凭借超强的环境适应能力，它征服了全国上下，东南西北的山坡、河岸，以及各种荒地。只要有一点机会，它柔韧的躯体就会硬生生地从砖墙石缝里挤出来。

它的树皮富含纤维，可以做衣服。几千年前，我们的祖先就把构树皮捣锤后做成一种厚实的布料，缝制衣服。构树皮还可以造纸，制成的纸被称作楮皮纸。北宋时期的纸币交子就是用楮皮纸制成的。

构树是雌雄异株的植物。春天的时候，雄株会开出满树的毛毛虫般的雄花序。有人便会趁嫩把这些花序采回去，裹上面粉蒸着吃。雌花序是球形头状的，成熟时果子红红的像杨梅，没有毒，味道甜甜的可以吃。构树的叶子很有特点，它可以从全缘到浅裂，再到不规则的深裂，造型百变。

琴叶榕

Ficus pandurata Hance

桑科 / 榕属

说到琴叶榕，热爱绿植的朋友肯定对这种网红植物相当熟悉。但“琴叶榕”只是它的俗名，它的中文名叫大琴叶榕 *Ficus lyrata*，是一种原产自非洲的大型榕属乔木。在《中国植物志》中，琴叶榕 *Ficus pandurata* 指的是一种原产于我国的本土植物，广泛分布于东南部各省。与大琴叶榕相比，琴叶榕可就袖珍多了。在野外，琴叶榕只是一种高约 2 米的小灌木，其厚纸质叶片的长度为 4～8 厘米，远不及大琴叶榕那 30 厘米长的厚革质叶片大气美观。好在名副其实，琴叶榕的叶片也呈提琴状，只是与大琴叶榕相论，可谓是小提琴与大提琴的差别了。

薜荔

Ficus pumila L.

桑科 / 榕属

薜荔也叫凉粉果，是因为它的种子富含果胶，可以做凉粉。把薜荔的种子装进小布包，在清水中反复地揉捏按摩，这一捏一放之间，就能感受到丝滑的果胶从指缝里溢出又悄悄溜走。我们平时吃的冰粉，有一部分就是薜荔的种子搓出来的。

但并非所有的薜荔都能结种子，很多薜荔果实里面其实只有虫子，这是因为薜荔是雌雄异株。雄株结的果子叫雄瘿果，它负责养育榕小蜂，所以里面藏的都是虫子。雌株结的果子叫雌果，只有雌果才有种子。

薜荔是个攀爬高手，其营养枝节上会生出不定根，这些根会牢牢地抱着树，不断地往上爬。这种着生不定根的枝条叶子都小小的，不会结果，而结果枝条上的叶子明显要大很多。

几乎所有的
名著都提到了柘

柘

Maclura tricuspidata Carrière

桑科 / 柘属

柘【zhè】，又称黄桑，是一种落叶灌木或小乔木，广泛分布于我国南北各省区。每年 8 月是柘树的果实开始成熟变红的季节，由雌花序发育而来的橘红色果实挂满枝头，与荔枝和梅子颇为相似，一口咬下去，汁水饱满，十分清甜。像桑叶一样，柘叶也可以用来饲养蚕宝宝，产出的蚕丝名为柘蚕丝，质量很不错。只是因为柘树有刺，叶片不易采摘，且柘树生长缓慢，因此不如以桑养蚕来得方便。柘树还是一种传统的染色材料，用其黄色的树干心材所染的颜色称为柘黄，是一种黄里透红的传统色彩，自隋唐以来便成为帝王所用的专属服饰颜色。

秤星树

Ilex asprella (Hook. & Arn.) Champ. ex Benth.

冬青科 / 冬青属

老广们无比熟悉的一款汽水味凉茶——亚洲沙示，曾以其强劲的味蕾冲击和清热解毒的传说拥趸无数。其中令人无比上头的风油精味儿，就是来自秤星树的根。也许这个名字听上去有点陌生，但如果换成岗梅，很多老广就熟悉多了。秤星树就是岗梅，也叫梅叶冬青，是很多凉茶产品的原料。

之所以被叫作秤星树，是因为其小枝上布满了星星点点的皮孔，犹如秤杆上的秤星。秤星树雌雄异株，乳白色的花很小，早春时就开始绽放了。花落后会结出青色的小果子，直径 6 毫米左右，成熟时变黑色。

秤星树是一种落叶灌木，花期 3 月，分布于华东和华南地区。

广东冬青

Ilex kwangtungensis Merr.

冬青科 / 冬青属

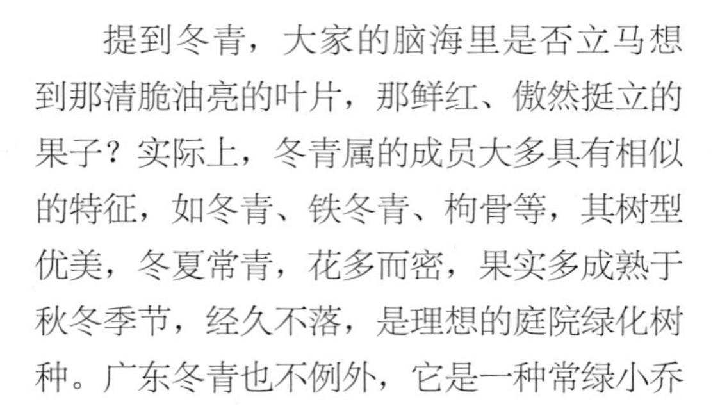

提到冬青，大家的脑海里是否立马想到那清脆油亮的叶片，那鲜红、傲然挺立的果子？实际上，冬青属的成员大多具有相似的特征，如冬青、铁冬青、枸骨等，其树型优美，冬夏常青，花多而密，果实多成熟于秋冬季节，经久不落，是理想的庭院绿化树种。广东冬青也不例外，它是一种常绿小乔木，高 5～10 米，分布于我国华南及东南沿海等地区。广东冬青的革质叶片最长可至 15 厘米，在冬青属中可谓是大叶子了。同冬青属的典型特征一样，广东冬青也会在秋冬季节结出光亮的红果，吸引到南方过冬的鸟儿们采食，帮助自己散播种子。

铁冬青

Ilex rotunda Thunb.

冬青科 / 冬青属

冬天的铁冬青树上每天都是吵吵闹闹的，它要忙着用满树的红果来招待似乎总也吃不饱的各路鸟儿，红耳鹎、乌鸫、白头鹎、珠颈斑鸠……你来我往，络绎不绝。和冬青属的很多植物一样，铁冬青会在秋冬季节结红果，挂果期很长，可以为大量的鸟类过冬提供充足的食物保障。

除此之外，铁冬青还是我国南方地区常见的木本药用植物，药典中称之为救必应。铁冬青是常绿灌木或乔木，雌雄异株，小花黄绿色，花期 4 月，果期 8—12 月。叶片全缘，小枝红褐色是它与其他冬青属植物最明显的区别。分布于长江以南各省区。

南蛇藤

Celastrus orbiculatus Thunb.

卫矛科 / 南蛇藤属

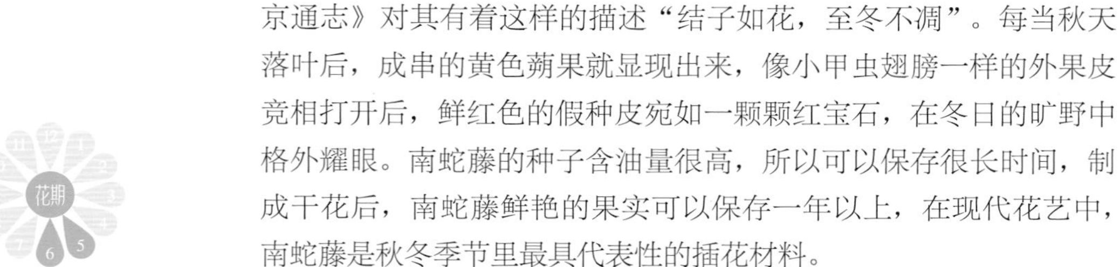

南蛇藤，又名落霜红，是一种落叶藤状攀援灌木，是中国分布广泛的植物之一。南蛇藤最让人印象深刻的，莫过于它的果实，《盛京通志》对其有着这样的描述“结子如花，至冬不凋”。每当秋天落叶后，成串的黄色蒴果就显现出来，像小甲虫翅膀一样的外果皮竞相打开后，鲜红色的假种皮宛如一颗颗红宝石，在冬日的旷野中格外耀眼。南蛇藤的种子含油量很高，所以可以保存很长时间，制成干花后，南蛇藤鲜艳的果实可以保存一年以上，在现代花艺中，南蛇藤是秋冬季节里最具代表性的插花材料。

华南青皮木

Schoepfia chinensis Gardner & Champ.

铁青树科 / 青皮木属

二月，华南地区山间高大的乔木层下，静寂的森林正迎来一场不大不小的花事——华南青皮木开花了。它刚刚伸展开来的枝条和叶柄上呈现出饱满的嫩红色，满树亮粉色的小花像风铃一样吊挂在初生的枝条下，花量极大，隔着老远就能看到。

华南青皮木是一种落叶小乔木，叶片长椭圆形，叶柄红色。花无梗，通常 2～3 朵凑在一起，形成一个花序，生在总花序梗上。管状的花冠呈粉红色或者黄白色，顶端 4～5 裂。它的果实椭圆形，长约 1 厘米，成熟时会由红色转为紫黑色。花期 2—4 月，果期 4—6 月。分布于我国华东、华南、西南部分地区。

大苞寄生

Tolypanthus maclurei (Merr.) Danser

桑寄生科 / 大苞寄生属

大苞寄生是一种营半寄生生活的多年生小灌木，主要分布在华南地区。大苞寄生的淡红色苞片长约 2 厘米，与桑寄生科其他种类相比显而要大一些，故而得此名。作为一类半寄生植物，大苞寄生自身能够依靠绿叶合成营养物质，只是将其根扎在寄主体内，从寄主身上吸取水分和部分养分，是一种介于全寄生与全自养之间的状态。同桑寄生科家族的成员一样，大苞寄生的种子也具有黏性，经鸟儿取食排泄后，种子会继续粘在鸟儿肛门附近的羽毛上。直到找到一枝树丫，急不可耐地将种子蹭掉，鸟儿们这才成功地甩掉这个“偷渡客”。此时大苞寄生也成功地找到了寄主，顺利地完成了种子的传播。

疏花蛇菰

Balanophora laxiflora Hemsl.

蛇菰科 / 蛇菰属

这是什么东西？蘑菇吗？有毒吧？这是人们初见蛇菰时最直接的反应。

蛇菰当然不是菇，它根本就不是菌类，而是一个彻头彻尾的高等植物。整个蛇菰科均为全寄生植物，通常以阔叶被子植物为寄主，寄生在寄主植物的各级侧根上，通过根茎上的吸器源源不断地从寄主根中获取养分，属于根寄生植物。

蛇菰没有叶子，没有叶绿素，也没有根，以根状茎的形式长年生活在林下阴暗潮湿的环境中，完全依赖寄主生存。它的根状茎呈团块状，表面布满小疙瘩和皮孔，底下则以吸器与寄主的根联结。等花期来临，蛇菰鲜艳的雌、雄花序就会从根状茎中突出来。

疏花蛇菰雌雄异株，花期 9—11 月，花被片 5 裂，根茎上密被粗糙的小斑点，是其与别的蛇菰的主要区别。我国华南和西南部分地区有分布。

枳椇

Hovenia acerba Lindl.

鼠李科 / 枳椇属

枳椇，也就是人们常说的拐枣，是一种大型落叶乔木，高度可达 25 米。拐枣分布范围较广，自陕西甘肃南部经长江流域至华南各地均有分布，拐枣是一种十分好吃的野果，因此在农村的房前屋后也常有栽植。拐枣跟我们常吃的大枣一样，同属鼠李科，但它被称为拐枣可是有原因的。拐枣可食用的部分并不是它真正的果实，而是它那膨大的肉质果柄，因为这部分可食用的果柄曲折拐弯，故而得名“拐枣”。每年霜降时分，在积累了大量的糖分后，拐枣的肉质果柄熟得醇香甘美，吃起来又脆又甜。枳椇还有一个十分相近的兄弟，叫作北枳椇 *H. dulcis*，同样也被称作“拐枣”，其区别在于枳椇的花序为二歧聚伞圆锥花序，北枳椇的花序则为聚伞圆锥花序，其生长范围也更广。

胡颓子

Elaeagnus pungens Thunb.

胡颓子科 / 胡颓子属

当一个水果的糖酸比范围在 8～20 时，我们认为它的酸甜是适度的；如果小于 5，则能明显地觉出酸味儿。大部分胡颓子属植物的果实，糖酸比都在 6 以上，口感可以用四个字来精准地表达：酸酸甜甜。所以有好几种果实个头比较大的胡颓子已经实现商品化。

与常规植物的春华秋实不同，胡颓子属中有很多物种刚好相反，属于秋华春实，秋冬开花，果子春夏成熟。这部分物种几乎都集中在胡颓子属中的常绿类部分。

胡颓子本种就是常绿的直立灌木，叶革质，正面绿色，背面银白色，而且身上有刺。就像本属的所有植物一样，它浑身上下，从枝叶到花果，都长满了锈迹斑斑的小麻点。花淡白色，花期 9—12 月，果期翌年 4—6 月。果子成熟时红色，长约 1.4 厘米。分布于华东、华中、华南等地区。

楝

Melia azedarach L.

楝科 / 楝属

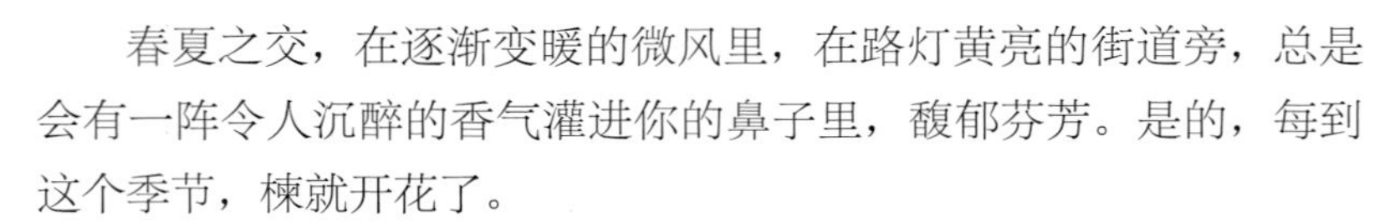

春夏之交，在逐渐变暖的微风里，在路灯黄亮的街道旁，总是会有一阵令人沉醉的香气灌进你的鼻子里，馥郁芬芳。是的，每到这个季节，楝就开花了。

楝，常被称为苦楝，是黄河以南各省区常见的行道树之一。楝是一种落叶乔木，高可达 10 米，其叶片为 2～3 回的奇数羽状复叶，长 20～40 厘米，而通常我们认为的叶片，仅仅是一片小叶罢了。每年 4—5 月，楝就会悄然绽放出淡紫色的圆锥聚伞花序，犹如满树笼罩着一层紫纱，朦胧而秀美。

楝的花馥郁芬芳

红椿

Toona ciliata M. Roem.

楝科 / 香椿属

红椿被誉为“中国版的桃花心木”，可惜，这个光荣的称号并没给它带来太多好运。由于其木材价格高昂，近年来，盗伐野生红椿树木的案件时有发生。环境变化、过度开发，以及天然林更新较慢，导致其数量不断减少。目前，红椿被列为国家二级重点保护野生植物，其野生植株已受到法律的严格保护。

红椿是我国热带和亚热带地区珍贵的速生用材树种，分布虽然较广，但多呈零星的小块状分布。与同属的香椿长得很像，但香椿的叶片具有浓郁的香味，红椿则没有，且味道苦涩难以入口。红椿羽状复叶中的小叶片全缘，香椿的小叶片常有一些疏离的小锯齿。红椿的花小，白色，花瓣 5 枚，雄蕊 5 枚，花期 4—6 月。果实为蒴果，5 瓣裂。分布于我国华东、华南、西南等地区。

红椿是木材中的
上乘之物

伞花木

Eurycorymbus cavaleriei (H. Lév.) Rehder & Hand.-Mazz.

无患子科 / 伞花木属

伞花木是一种落叶乔木，高可达 20 米。作为一种从第三纪就出现在地球上的植物，伞花木可是像珙桐、银杉、鹅掌楸等孑遗植物们一样古老，是我国特有的单种属植物，对植物区系和无患子科系统发育关系的研究有较高的科学价值。顾名思义，伞花木的花序呈伞房状排列，花极为稠密，五六月份，一簇簇芳香扑鼻的白花怒放在树冠四周，引得众多蝴蝶流连飞舞。尽管伞花木在我国南方多个省份都有记录，但这种古老的植物在野外却十分少见，因其为雌雄异株植物，种群数量稀少，自然授粉困难，导致其天然更新能力较弱。为保护这一种古老的植物，已将其列为国家二级重点保护野生植物。

伞花木

伞花木的种子
油脂含量高

伯乐树

Bretschneidera sinensis Hemsl.

伯乐树科 / 伯乐树属

伯乐树粉色的“小铃铛”早在第三纪时期，就开始在古北大陆东部的微风中摇曳了。

随着环境的变迁，直到现在，它变成了孑遗物种，被列为国家二级重点保护野生植物，也是中国特有的树种。至于“伯乐”二字，有人猜测它是属名的音译，未免有些牵强，或者借鉴了伯乐相马的典故，也未可知。

伯乐树是落叶乔木，3—9 月开花。粉色的花瓣内面有一些红色的纵条纹，花朵像小铃铛一样倒挂在高高的树梢上。花萼钟形，所以也叫钟萼木。果期从 5 月开始，一直到翌年 4 月。蒴果红褐色，形状像桃，所以伯乐树也称冬桃。伯乐树在我国华南、西南、华东、华中地区都有分布。

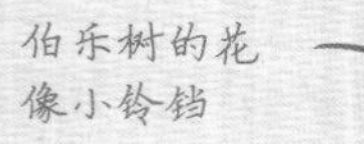

伯乐树

樟叶槭

Acer coriaceifolium H. Lév.

槭树科 / 槭树属

樟叶槭，又名革叶槭，是一种常绿乔木，广泛分布于我国中南地区海拔 1 500～2 500 米的山地疏林中。正如中文名所形容的那样，樟叶槭的叶片革质全缘，与樟极为相似，其种加词 *coriaceifolium* 意为“坚韧的叶片”，这在多为纸质掌状叶的槭属植物中较为少见，也难怪植物学家会以樟的名字给它命名了。尽管樟叶槭的叶形与樟相似，树冠也同样浓密，但二者并不难区分。樟的叶片为离基三出脉，而樟叶槭的叶片为基出三出脉，最明显的是樟叶槭的果实为槭属典型的翅果，通过风将种子传播至远方。

野鸦椿

Euscaphis japonica (Thunb. ex Roem. & Schult.) Kanitz

省沽油科 / 野鸦椿属

秋天山路边的灌丛里，经常藏着些“小眼睛”。有人觉得这眼睛充满了克系感，让人想到了克苏鲁神话的恐怖故事。也有人认为它像极了悲伤蛙之眼，只不过变成了红色。它就是野鸦椿的果实。

果荚开裂，果皮反卷，露出鲜红的内果皮。黑色的种子粘在其上，像一个个黑色眼睛。因为其皱皱的果皮像我们平时吃的鸡胗，而南方人常把鸡胗叫作鸡肾，所以它也叫鸡肾果。

野鸦椿是小乔木，奇数羽状复叶对生，除西北各省外我国各地都有。每年春夏之交，野鸦椿都会开出满树黄白色的小花。花虽小，但也算得上耐看。

南酸枣

Choerospondias axillaris (Roxb.) B. L. Burtt & A. W. Hill

漆树科 / 南酸枣属

我国北方有酸枣，鼠李科枣属；南方有南酸枣，却是漆树科南酸枣属。与灌木状的酸枣不同，南酸枣是一种高约20米，生长快速，适应性强，在南方被广泛种植的高大落叶乔木。秋天是南酸枣成熟的季节，剥开黄色的果皮，南酸枣的果肉就像鼻涕一样黏滑，因而又被唤为“鼻涕果”。在过去，南酸枣是南方的小孩子常吃的解馋小野果，由南酸枣制成的酸枣糕，口感软糯，酸中带甜，是小卖部常见的零食。

野漆

Toxicodendron succedaneum (L.) O. Kuntze

漆树科 / 漆属

漆树会咬人？如果不小心碰到这类树木的汁液，部分人身上便会开始出现红肿、瘙痒，甚至溃烂，简直就是一场噩梦，通常要等好几天才会慢慢消退。这是由于漆树汁液中含有的有毒物质——漆酚，通过接触皮肤引发的过敏反应。当然，也有部分人天生对漆酚不敏感。

漆树的汁液虽然有毒，但把它们收集起来就是天然漆。漆属的很多植物都可以生产天然漆，包括常见的漆树本种和野漆。除此之外，它们果实中的中果皮部分还富含蜡质，是一种高熔点的固态油脂，以日本培育的野漆树品种蜡质含量最高。

野漆是一种落叶乔木，奇数羽状复叶，小叶对生，小枝、叶柄及花序轴无毛。它的叶子入秋后会变红，非常漂亮。华北，以及长江以南各省区均有分布。

白皮黄杞

Engelhardia fenzelii Merr.

胡桃科 / 黄杞属

在岭南的秋日里，可以随着微微秋风而翩翩起舞的，也许就是那一串串如风铃般的黄杞了。黄杞是一种半常绿乔木，于每年五六月开花，八九月果实成熟，挂满枝头。作为一种雌雄同株的单性花植物，黄杞的花着生在一枝圆锥状的花序束上，在这个大花序上，多缕雄花序簇拥守护着雌花序，只等授粉完成，便会悄然脱落。对于黄杞乃至本属植物来说，它们最明显的特征就是果实上像鸟爪一样的苞片了。授粉完成后，雌花的苞片会像保护伞一样继续生长变大，紧紧包裹着黄杞的果实，直至长成一串串金色风铃的模样，待一阵秋风拂过后，将带着希望的种子飞向远方。

香港四照花

Cornus hongkongensis Hemsl.

山茱萸科 / 山茱萸属

香港四照花曾被认为是香港的特有种，后来发现我国南方很多地方都有分布。它的花很特别，4 枚洁白的大花瓣，中间托着一个绿色的小圆球，看上去就像一朵花。如果凑近点，你会发现中间的小圆球上又开了许多小花，每朵小花也有 4 枚花瓣。

原来这 4 枚洁白的，负责招蜂引蝶的大“花瓣”，其实是它特化的苞片。中间小圆球上的小花，才是其真正的花朵。这样的结构有一个明显的好处，就是将花朵聚在一起，便于昆虫集中传粉。

到了秋天，它就会结出像荔枝一样的红果子。可以吃，但不是很甜。这种看上去像一个果子，但其实是由许多小花发育而来，在植物学上我们称它为聚花果。香港四照花是一种常绿乔木，叶对生，花期为 5—6 月，在我国华南、西南、华东地区都有分布。

香港四照花又叫山荔枝

鹿角杜鹃

花期 3 4

Rhododendron latoucheae Franch.

杜鹃花科 / 杜鹃花属

杜鹃花的属名 *Rhododendron*，是希腊语 rhodon（玫瑰花）和 dendron（树木）的合成词，意思是一株开满玫瑰花的树木，直言其貌美。而其中又以生长于高海拔地区的、常绿的高山杜鹃为最。它们通常都是枝粗叶大，叶片革质有光泽，四季常绿。花型多呈总状伞形花序，而且花冠硕大，颜色也非常丰富。

鹿角杜鹃属于高山杜鹃的一种，是常绿的灌木或小乔木，叶片集生于枝顶。每年 3—4 月开花，花冠 5 裂，淡粉色或白色，雄蕊有 10 枚，部分伸出花冠。花单生于枝顶叶腋，整个枝顶则具花 1～4 朵。它的蒴果呈圆柱形，花柱宿存。主要分布于我国华东、华南和西南部分地区海拔 1 000～2 000 米的杂木林内。

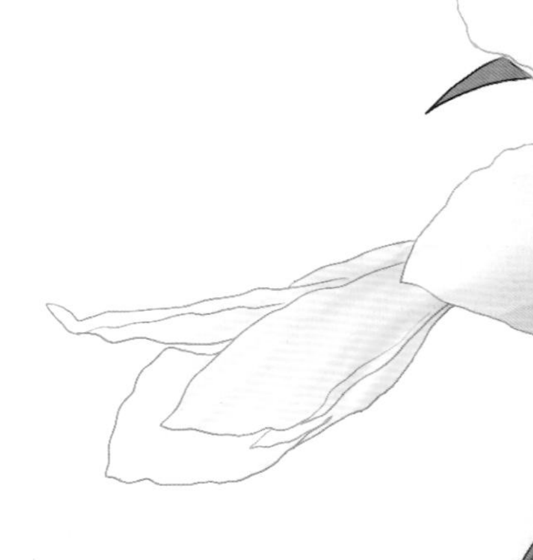

鹿角杜鹃

鹿角杜鹃花开时
有两根长长的果须
形似“鹿角”

岭南杜鹃

Rhododendron mariae Hance

杜鹃花科 / 杜鹃花属

在园艺学界，杜鹃花属植物可谓夺得了众人的目光。自从19世纪西方的植物猎人们从锡金发现并引回英国30种杜鹃开始，西方园艺学家们就从未停止对杜鹃花新品种的追求。杜鹃花也是我国传统的观赏花卉，在我国有“花中西施”一称。尽管是生长在野外的原生种类，但岭南杜鹃的颜值可不算低。每年3—6月就是岭南杜鹃一股脑盛开的时候，此时，由7～16朵粉色小花形成的伞形花序就会绽放在岭南杜鹃的每一个枝头，远远望去，犹如一个个绣球，花团锦簇，漂亮极了。 岭南杜鹃是一种落叶小灌木，分布于云南、贵州、广东、广西等地。

岭南杜鹃
岭南杜鹃又称
紫花杜鹃

毛棉杜鹃

Rhododendron moulmainense Hook.

杜鹃花科 / 杜鹃花属

毛棉杜鹃是少数能在较低海拔生长开花的高山杜鹃。在亚热带山地常绿阔叶林湿润水汽滋养下，它的“身高”可以达到四五米，甚至更高。单株开花已经足够隆重，如果赶上相约盛放，更是能在重峦叠翠中铺陈出一片绚烂。

毛棉杜鹃是一种常绿的灌木或小乔木，叶片集生于枝顶。每年 4—5 月开花，花冠 5 裂，淡粉紫色或者淡红白色，雄蕊 10 枚，比花冠略短。每个伞形花序有花 3～5 朵，数个花序挤在一起，共同聚生在枝条的顶端。它的蒴果呈圆柱形，花柱宿存在顶端。主要分布于我国华东、华南和西南部分地区海拔 700～1 500 米的灌丛或疏林中。

南烛

Vaccinium bracteatum Thunb.

杜鹃花科 / 乌饭树属

走在江苏、浙江一带的街头巷尾，常会遇见阿嬷们叫卖一种乌黑色的米饭，名曰“乌饭”，民间认为这种黑色的米饭可以益气、固精，因而又被称为“青精饭”。

这可不是紫米做成的饭团，这种黑色的米是由一种叫作“乌饭树”的叶子染制而成，而乌饭树，就是南烛！南烛是一种常绿灌木或小乔木，虽然“越橘”这个名字听起来不是那么熟悉，但是蓝莓、蔓越莓等我们所熟悉的水果就来自这个家族。作为蓝莓的近亲，南烛的果实也是可以食用的，每年的8—10月是南烛的果期，挂在枝头的紫黑色的小浆果酸酸甜甜，味道堪比蓝莓。

八角枫

Alangium chinense (Lour.) Harms

八角枫科 / 八角枫属

八角枫是一种灌木或小乔木，高 3～5 米，常见于阳光充足的山野灌丛中。八角枫的叶形可算是最多变的了，虽然名为“八角”，然而“八”却是一个虚数，有三五个角的，也有七八个角的，或者干脆是叶片全缘没有角的，还有叶片基部偏斜的，长得真是自由随意啊！虽然叶片毫无规则，但这并不妨碍八角枫的秀美，盛开在叶片之下的黄白小花也随着夏天暖暖的风轻轻摇曳，十分悦目。八角枫分布于我国华中、华东及西南各省。

延平柿

Diospyros tsangii Merr.

柿科 / 柿树属

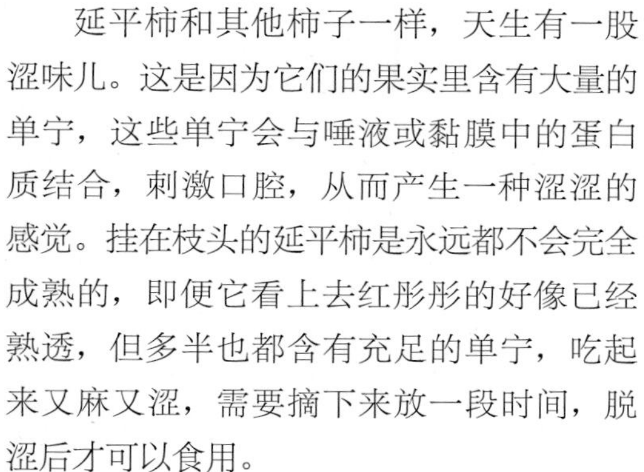

延平柿和其他柿子一样，天生有一股涩味儿。这是因为它们的果实里含有大量的单宁，这些单宁会与唾液或黏膜中的蛋白质结合，刺激口腔，从而产生一种涩涩的感觉。挂在枝头的延平柿是永远都不会完全成熟的，即便它看上去红彤彤的好像已经熟透，但多半也都含有充足的单宁，吃起来又麻又涩，需要摘下来放一段时间，脱涩后才可以食用。

虽然柿子在我国南北都有种植，但全世界的柿属植物却多数集中在热带和亚热带地区，在我国则主要分布于西南部至东南部。延平柿是一种落叶灌木或小乔木，花期 2—5 月。花小，白色，雄花和雌花的萼片都是 4 裂，花冠也同样是 4 裂。果子成熟时橙黄色，直径约为 3 厘米。萼片宿存，4 深裂。

延平柿在枝头
不会完全成熟

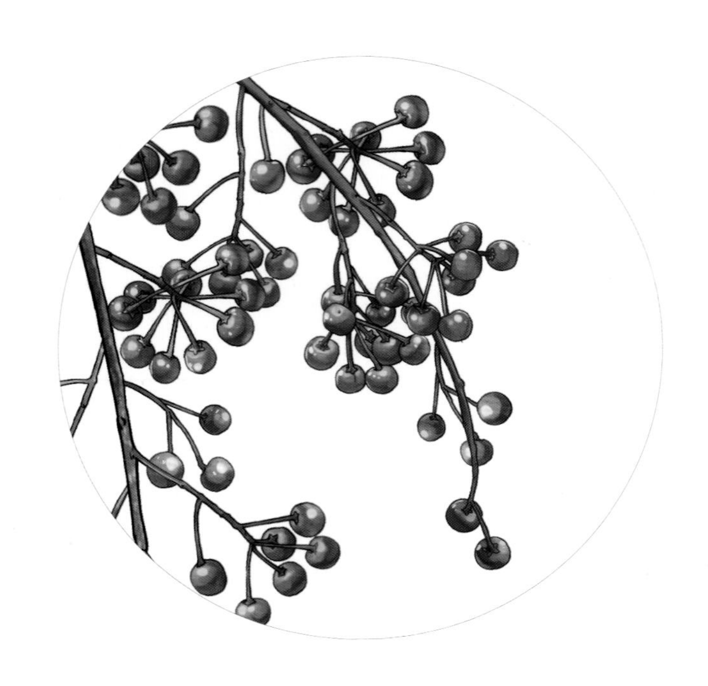

走马胎

Ardisia gigantifolia Stapf

紫金牛科 / 紫金牛属

走马胎是一种高 1～3 米的大灌木，常具有粗厚的匍匐生根的根茎和粗壮的直立茎，分支较少，叶子也簇拥在茎的顶端生长。走马胎的种加词 *gigantifolia* 由 gigantic 与 folia 组成，意为巨大的叶子，所以也称大叶紫金牛，这让它在紫金牛属内与众不同，形成很明显的区分特征。秋冬季节，走马胎会在它那大大的花序上结出鲜红色的小果实，在丛林深处十分亮眼。

走马胎
走马胎是一种
优良的跌打药

大罗伞树

Ardisia hanceana Mez

紫金牛科 / 紫金牛属

紫金牛属中有一个在人前混得很开的物种——朱砂根，每到过年的时候都有人想花钱把它捧回家，主要就是看上了它那一身中国红的果子，富贵又喜庆，正如它的商品名——富贵子。大罗伞树就与它长得很像。

同样拥有紫金牛属植物标志性的红果子，区别在于大罗伞树的花要大一些，长6～7毫米，叶片也更狭长些，叶缘的锯齿尖具边缘腺点。它是一种常绿的灌木，和所有的紫金牛属植物一样，它也喜欢生在林下阴湿的地方。花期5—6月，花瓣白色或带紫色，萼片和花冠都为5裂。果球形，直径约9毫米，深红色，果期11—12月。分布于浙江、安徽、江西、福建、湖南、广东、广西。

大罗伞树

大罗伞树的
叶片狭长

虎舌红的叶片上
有细密的毛

虎舌红

Ardisia mamillata Hance

紫金牛科 / 紫金牛属

虎舌红是一种非常矮小的灌木，虽然具有木质化的根茎，但是它的高度仅有 15～20 厘米，可以说是伏地生长了。与同属内其他成员一样，虎舌红的叶片常簇生在茎的顶端，不同的是，虎舌红的叶片上长有细密的锈色或紫色糙伏毛，像极了老虎那长满倒刺的大舌头，又因其果实呈鲜红色，因而得名“虎舌红”。虎舌红的果实于冬季结出后经久不掉，可以一直持续到来年花期，这也让它成为极好的观赏植物，常在江南园林中作为耐阴植物被栽培。

赤杨叶

Alniphyllum fortunei (Hemsl.) Makino

安息香科 / 赤杨叶属

赤杨叶是五月山间最盛大的花树之一。但很多人初见它的花都不是在树上，而是在地上。先看到满地洁白的落花，才晓得抬头在密林中寻找。因为它的树冠实在是太高了，花虽美丽，却在人的视线之外，故平时不为人所注意。

赤杨叶来自以小清新著称的安息香家族。这个家族不流行大红大紫的浓颜，只推崇仙气飘飘的粉与白。赤杨叶完美地继承了这个家族特点，洁白的花冠上带着一道道红晕，雄蕊 10 枚，5 长 5 短，基部合生在一起，像一个带流苏的小裙子。花谢后便会结出一个长圆形的蒴果，成熟时 5 瓣开裂。长江以南各省都有分布。

芬芳安息香

Styrax odoratissimus Champ. ex Benth.

安息香科 / 安息香属

熟知历史的小伙伴们对安息香应该不会感到陌生，这种在古代常用的熏香最早由西域的安息国商人传入中原，故得此称呼。然而安息国的商人们只是一个二手贩子，安息香的原产地是东南亚的热带国家，由产自中南半岛的越南安息香树脂制成。有意思的是，这种植物在我国南方部分地区也有分布。

芬芳安息香就是原产自我国的安息香属的另一种植物，不同于越南安息香的高大，芬芳安息香是一种高 5～10 米的小乔木，生于长江以南地区阴湿的山谷中。芬芳安息香的花朵如同一个个白色的铃铛，常常成串挂在树上，花香四溢，洁白芬芳。尽管芬芳安息香美丽优雅，却并不常见，是种值得大力开发利用的园林观赏植物。

栓叶安息香

Styrax suberifolius Hook. & Arn.

安息香科 / 安息香属

安息香也是一种香料，它来自部分安息香属植物因树干损伤而分泌出来的树脂。安息香属的属名 *Styrax*，意思就是产芳香树脂的乔木。最适合用来割取树脂制作香料的安息香属植物是越南安息香和印度安息香。

栓叶安息香是一种常绿的高大乔木，主要分布在我国长江流域以南各省区。即便没有开花，它泛红的树皮和长满黄褐色绒毛的叶背，也让其在亚热带常绿阔叶林的绿色海洋中显得相当醒目。它的花期在 3—5 月，小白花具有典型的安息香属的特征，花冠 4～5 裂，雄蕊 8～10 枚，近等长，下部联合成管。果实圆球形，长满绒毛，成熟时 3 瓣开裂。

醉鱼草

Buddleja lindleyana Fortune

马钱科 / 醉鱼草属

醉鱼草是一种十分神奇的植物，来自毒物纵横的马钱科，杀死神农氏的断肠草——钩吻，即来自这个大家族。这种开着成串小紫花的小灌木在我国南方地区非常常见，名副其实，古人很早就发现这种植物的神奇之处，利用其全株有小毒的特性，将其捣碎投入河中，使鱼麻醉，以便于捕捉。尽管听起来有些可怕，但也碍不住人们对其颜值的喜爱。醉鱼草的花美丽而芳香，常引得蜂蝶萦绕，很是热闹。虽然原产自我国，然而墙内开花墙外香，在欧洲，醉鱼草是自然风景式园林中常见的观赏植物，其品种五颜六色，常常作为园林中的视觉焦点出现。

木樨

Osmanthus fragrans (Thunb.) Lour.
木犀科 / 木犀属

木樨就是桂花。桂花的香气十分怡人。

很多城市都喜欢在公园和街巷里种桂花。桂花盛开的时候，也正是溽暑消退秋凉渐生的时候，当空气中突然有了一点点幽微的芬芳，一瞬间，几乎全城的人都会知道，桂花开了，一簇簇乳白淡黄的小花不知何时就已经悄悄地藏在枝丫叶腋间了。

品种不同，桂花的颜色也不一样。开白花者为银桂，开黄花者为金桂，丹桂的花则是橙红色。桂花大多秋天开花，但还有一种四季桂，一年能开很多次，花色也有白、黄、橙之分，香味比寻常桂花要淡些。

桂花是一种很好的香料，可以食用，也可以用在化妆品中。它的叶片对生，叶腋内有 2～4 枚叠生的叶芽，灰白色的树皮上常有菱形的皮孔，不开花也很容易辨认。

木樨的花香
非常怡人

络石

Trachelospermum jasminoides (Lindl.) Lem.

夹竹桃科 / 络石属

不管是在城市里还是野外，络石是最常见的攀援藤本。

和薜荔一样，络石也是分繁殖枝和不育枝的，匍匐在地上的枝条不能开花结果，而爬在树上或者石头上的才可以。这就是为什么在园林中作地被的络石总是看不到开花。络石的叶对生，有乳汁。络石的花期在3—7月，它的花很漂亮，花色洁白，5瓣，排成右旋的风车状，再加上有清香味儿，很像茉莉，所以也有人管它叫风车茉莉。络石的花量非常大，每年四五月间盛开的时候，简直就像在树上挂了一条白色的瀑布。很多人没注意过络石的果子，它们如同一双张开的筷子，植物学上管它叫蓇葖果双生，是典型的夹竹桃科植物的样子。络石在我国分布极广。

络石
络石的花量
非常大

山橙

Melodinus suaveolens (Hance) Champ. ex Benth.

夹竹桃科 / 山橙属

山橙又叫马骝藤、猴子果。虽然名为山橙，但这种可不是芸香科那汁水满满的大橙子，而是夹竹桃科的一种长达10米的攀援木质藤本，产自岭南地区的山野丘陵中，常攀附于树木或石壁上。不过，山橙的果实成熟之后呈橙黄色，与橙子确有相似之处，在粤语中，“马骝”是猴子的意思，指的是这个大大圆圆的果实也是猴子们喜爱的植物。尽管在诸多记载中，都提到了山橙是可以食用的，但是考虑到它的血统继承于另一个毒物纵横的家族——夹竹桃科，在野外遇见这种圆溜溜的大果子，还是谨慎为好，不要贸然尝试呀！

水团花

Adina pilulifera (Lam.) Franch. ex Drake

茜草科 / 水团花属

水团花是一种常绿灌木，广泛分布在我国长江以南的各省区，是低海拔地区的旷野路旁、溪边水畔常见的植物。炎热的夏天是水团花盛开的时节，每一个挂在枝条上圆圆的小球其实就是一个由数十朵白色小花组成的头状花序，远远看上去就像一粒粒杨梅，故又被称作“水杨梅”。水团花在盛开的时候，花柱比花冠要长很多，看起来毛茸茸的，不过也很像冠状病毒的放大版。水团花生命力很旺盛，耐寒耐水，它拥有非常发达的根系，在溪流、瀑布边的岩石缝隙里也能生长，是一种适合用于固岸护坡、绿化河道和生态恢复的本土植物。

绣球茜草

Dunnia sinensis Tutcher

茜草科 / 绣球茜属

对于一朵花中既有雄蕊又有雌蕊的植物来说，为了降低自花授粉的风险，它们通常会选择把雌雄蕊在时间和空间上进行隔离。异型花柱就是一种常见的空间隔离策略。茜草科是目前发现异型花柱植物最多的科，也包括绣球茜草。

同是黄色的绣球茜草小花分了两种类型，一种花柱较长，另一种花柱较短。只有这两种不同类型的小花之间彼此授粉才能够结实，其他方式都不结实。绣球茜草是一种常绿灌木，叶片对生，花序聚生在枝顶，真正的花朵是中间的黄色小花，白色叶片状的东西其实是它变态的一枚花萼裂片。

它是我国的特有物种，仅分布于广东境内部分地区，被列为国家二级重点保护野生植物。

绣球茜草

巴戟天

Morinda officinalis F. C. How

茜草科 / 巴戟天属

俗话说："北有人参，南有巴戟天。"巴戟天即传统医学中的一味名贵的中药材，产自我国岭南地区，属"四大南药"之一，其种加词 *officinalis* 意为"可以药用的"。在野外，巴戟天是一种多年生的木质藤本，常攀附在林下的灌丛中。生长多年的巴戟天会将其日复一日积累的养分储存在膨大成肉质状的地下根茎上，而这也是巴戟天入药的主要部分，因膨大的部分与鸡肠十分相似，在广东、广西又常称其为"鸡肠风"。在药铺里面我们见到的干干皱皱的巴戟天药材，就是由巴戟天的肉质根茎去掉木质化的芯后晒干而成的。野生的巴戟天因常年处于林下环境，经年累月才能积累少量的养分，因而产量很低。而在人工栽培条件下，给足了光照条件和养分的巴戟天生长旺盛，地下根茎部分几乎全部可以长成能够入药的肉质根茎。

玉叶金花

Mussaenda pubescens W. T. Aiton

茜草科 / 玉叶金花属

玉叶金花可真是个好名字，有金，又有玉。但就是不够贴切，也许叫玉萼金花会好些，因为那枚招摇的玉叶其实是萼片特化而来的。

在每一朵金花的 5 枚萼片中，有 1 枚会发生特化，变成叶片的形状，并且拥有叶片的脉络，只是颜色不再是绿色的，其功能也随之改变，不再进行光合作用，而是负责吸引昆虫前来传粉。顶上那簇密密的小黄花，才是真正的花瓣。

玉叶金花在南方的山林中是一种很不起眼的攀援灌木。其叶对生或轮生，花冠裂片 5 枚，花期 6—7 月。在华南、华东地区有分布。

玉叶金花的白叶其实是萼片演化而来的

鸡矢藤

Paederia foetida L.

茜草科 / 鸡矢藤属

你闻过鸡粪味的植物吗？如果你摘下一片鸡矢藤的叶子揉搓几下，就会闻到令人印象深刻的鸡粪味儿，鸡矢藤由此而得一俗称：鸡屎藤。鸡矢藤是藤本灌木，它们生长在低海拔的山坡、林缘等地方，喜欢气候温暖、潮湿的环境，适应性强，抗寒耐旱，既喜光又耐阴。鸡矢藤几乎不需要管理就能生长繁茂，故常被用于园林景观设计，且因其具有覆盖力强的特点，凡生长有鸡矢藤的地面不会生杂草，常被用来覆盖山石荒坡、美化矮墙、栽植绿篱。

钩藤

Uncaria rhynchophylla (Miq.) Miq. ex Havil.

茜草科 / 钩藤属

茜草科有不少植物的花儿都像“球”样，比如钩藤、侯钩藤、风箱树、团花、水团花等。这些“球”都足够圆，表面布满了棒棒糖一样的小突起，因为撞脸冠状病毒而常被人戏称为“病毒花”。

严格一点说，这个“球”其实并不是一朵花，而是一个球形的花序，它由许多小花组成，每个小突起就代表了其中一朵小花的花柱。钩藤就用它藤蔓上成对着生的钩刺，带着这些小球，在阳光和雨量充沛的森林里尽情地攀爬。到蒴果成熟开裂后，便把一些带翅的小种子从高处远远地抛洒出去，让风带走。

钩藤是一种常绿的藤本，叶对生。花果期 5—12 月。分布于我国华东、华南、西南部分地区。

忍冬

Lonicera japonica Thunb.

忍冬科 / 忍冬属

说起忍冬，你可能不太熟悉，但说起他的俗称“金银花”你一定知道，汉末《名医别录》描述这种植物“凌冬不凋”，故名忍冬。花开放时先是白色，几日后便变成金黄色，它的花次第开放，所以常常可见金、银两色挂满枝头，“金银花”这一名称非常形象地表达了这一特征。忍冬适应性很强，对土壤和气候的选择并不严格，山坡、梯田、地堰、堤坝、瘠薄的丘陵都可栽培，在我国各省均有分布。忍冬以药用而为人知，具有清热解毒的作用，我们日常生活中的许多常见药中都含有它的成分，比如连花清瘟胶囊中的“花”、银翘解毒片和银黄片中的“银”都是指“金银花”，即忍冬。

广西过路黄

Lysimachia alfredii Hance

报春花科 / 珍珠菜属

除了白花过路黄开白色花之外，余下的几十种过路黄组植物都开黄花。在这些千篇一律的小黄花中，广西过路黄却有本事让人一眼就能记住它。

大概是因为“四叶一枝花”的造型令人印象过于深刻。本来两两对生的叶片，到了茎顶，不但叶片变得越来越大，而且由于间距也越来越靠近，竟变得近似于轮生了。4 枚浓绿的叶片围成一圈，烘托着中间一团正黄色的大花球，这便是“四叶一枝花”的由来了。

一个大花球里有十几朵小黄花，每朵小花的萼片和花冠裂片都是 5 枚，雄蕊 5 枚。与一些匍匐生长的过路黄相比，广西过路黄的茎是簇生直立的，高度为 10～45 厘米。花期在 4—5 月。主要分布于广东、广西、贵州、湖南、江西、福建等地。

广西过路黄是颇具乡土气息的野生花卉

金钱豹

Campanumoea javanica Blume

桔梗科 / 金钱豹属

听到这个霸气的名字，大家可不要被吓一跳，金钱豹通常长在林下，是一种柔弱的草质藤本植物，看起来与它这霸气的名字一点都不搭。虽然它的茎细弱，但它却有着像人参一样粗壮的根，折断时会有白色乳汁流出，著名的中药土党参，指的就是金钱豹的根，因其“形似党参，多野生”，故名“土党参”。看到这里，我们难免会想，土党参和党参有什么关系？二者确实是亲戚关系，都是桔梗科植物，并且都是很好的中药材，二者可以从叶片的形状上简易区分，金钱豹的叶片对生，基部更接近心形，边缘有规则的浅锯齿。与其他桔梗科植物相似，它的花开放时像铃铛一样悬挂于花茎上，非常美丽。

金钱豹的花开放时
像铃铛一样

半边莲

Lobelia chinensis Lour.

半边莲科 / 半边莲属

观察半边莲的正确姿势，应该是从上往下看。它盛开的小花像一群夏天的飞鸟，飞到我们面前歌唱，却迟迟不肯离去。

如果换个姿势，从侧面看，半边莲好像就真的只剩下“半边脸”了。5 枚淡紫色的花冠裂片全部偏向一侧，看上去重心严重失衡，让人深深地怀疑这种设计的用意。直到有昆虫来访，中央的 3 枚裂片就像停机坪一样，等候昆虫精准地降落。而矗立在停机坪上方的花蕊，则会紧随其后，把花粉蹭到昆虫的背部。同时，半边莲还会采取雌雄蕊异熟的策略防止自花授粉。

半边莲喜湿，枝叶纤弱，贴地匍匐，花果期 5—10 月，常见于长江以南的水沟、湿地边。

长花厚壳树

花期

Ehretia longiflora Champ. ex Benth.

紫草科 / 厚壳树属

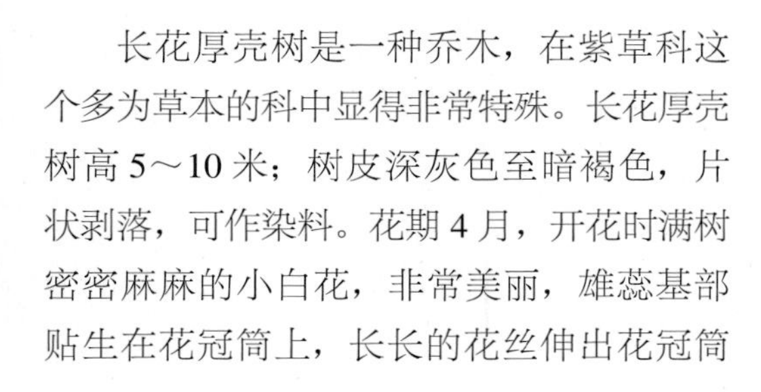

长花厚壳树是一种乔木，在紫草科这个多为草本的科中显得非常特殊。长花厚壳树高 5～10 米；树皮深灰色至暗褐色，片状剥落，可作染料。花期 4 月，开花时满树密密麻麻的小白花，非常美丽，雄蕊基部贴生在花冠筒上，长长的花丝伸出花冠筒外。到了秋天，红红的果实挂满枝头，可谓春季白花满枝，秋季红果遍树。长花厚壳树属于亚热带及温带树种，喜光也稍耐阴，喜温暖湿润的气候和深厚肥沃的土壤，耐寒，较耐瘠薄，根系发达，萌蘖性好，耐修剪，是一种适应性非常强的植物。

白花泡桐

Paulownia fortunei (Seem.) Hemsl.

玄参科 / 泡桐属

泡桐在春天会开出淡紫色的花朵，花毛茸茸的，带着些浅浅的甜腻的香味。

它的花很特别，花瓣的开口像两片张开的嘴唇，这是很多玄参科植物的一大特点。嘴唇后面是个长长的管子，底部藏了好多花蜜。在花瓣形成的隧道入口处有一些淡黄色或深紫色的斑纹，这些斑纹被称作“蜜导”，会指引蜜蜂前往隧道深处找到花蜜。

泡桐是个速生树种，长得很快，纹理优美，材质也很轻盈，十分适合做箱子和衣柜，尤其是做乐器的上好木材。

泡桐属植物的叶对生，大而有长柄，花常聚在一起形成圆锥状。最常见的泡桐有毛泡桐和白花泡桐。白花泡桐的花白色，仅背面稍带浅紫色，果实也较其他泡桐的果实大，长江以南都有野生或栽培。

白花泡桐

单色蝴蝶草

Torenia concolor Lindl.

玄参科 / 蝴蝶草属

夏秋季节，在林下草丛中，经常可以看到匍匐在地上开着的蓝紫色花朵，小巧玲珑，像翩翩起舞的蝴蝶，它们就是玄参科植物——单色蝴蝶草。虽然匍匐在地上，但它蓝紫色的花朵非常艳丽，尤其是在它厚厚的像地毯一样的叶子的映衬下，格外引人注目。单色蝴蝶草主要分布在长江以南地区。茎是4棱的，叶片三角状卵形，叶边缘有锯齿。朝它的花冠筒里望去，可以看到2枚雄蕊伸出来，那是花丝附属物。但如果把花冠筒打开仔细观察的话，可以发现它其实有4枚雄蕊，还有2枚比较短的藏在花冠里，像这种4枚雄蕊，2长2短的现象，就是“二强雄蕊”，在唇形科和玄参科植物中比较常见。

蚂蟥七

Chirita fimbrisepala (Hand.-Mazz.) Y. Z. Wang

苦苣苔科 / 唇柱苣苔属

苦苣苔科的植物以美著称，从蚂蟥七的姿色就可见一斑。像大部分苦苣苔科植物一样，蚂蟥七也喜欢长在林中潮湿的石壁上，周围伴生着绿茵茵的苍苔卷柏，还有一些开花时同样美丽的堇菜。

蚂蟥七是一种多年生的草本，扁圆柱状的根茎由于表面具有层层横纹而被人们认为似蚂蝗状。它的叶片草质，全部基生，触手毛茸茸的。叶丛中抽出若干花葶，每个上面有花 1～5 朵。花淡紫色，长度约为 5 厘米，上唇 2 裂，下唇 3 裂。它的花期在 3—4 月，主要分布于广东、广西、贵州、湖南、江西、福建等地。

蚂蟥七虽然分布广泛，但由于环境污染和原生境遭人为破坏，它在原产地的分布区域日渐缩小，野生植株的数量也呈逐年减少趋势。

广东紫珠

Callicarpa kwangtungensis Chun

马鞭草科 / 紫珠属

正如它的名字描述的那样，广东紫珠的果实色彩鲜艳，珠圆玉润，犹如一串串紫色的珍珠。紫珠属植物的果实都有纯正的紫色，象征着优雅、高贵、华丽、神秘，被称为园艺界的富贵女神。广东紫珠的果期很长，即使到了冬天，叶子枯萎变黄，这些紫色的“珍珠”也依然挂在枝上，直到春节都不褪色，远远望去，非常亮眼。广东紫珠是多年生落叶小灌木，如果仔细看它的叶片，会发现叶片两面都有暗红色或红色的腺点。广东紫珠开花时黄黄的雄蕊伸出花冠筒外，非常娇艳可爱，是一种既可赏花又可赏果的观赏植物，在江苏、江西和广东等地都有栽培。

钩毛紫珠

Callicarpa peichieniana Chun & S. L. Chen ex H. Ma & W. B. Yu

马鞭草科 / 紫珠属

钩毛紫珠是紫珠属的一个异类。别的紫珠都喜欢把几十个小果子拘成一团，再串成串，局促地长在一根细弱的枝条上，以至于它们的枝条总是不堪重负，呈现出受力弯垂的状态。而钩毛紫珠的果子则很稀少，两三个一簇，吊在纤长的果梗下，疏疏爽爽地掩映在枝叶间，像微缩版的泛着光泽的小圆紫茄。

钩毛紫珠是一种常绿的灌木，叶对生，小枝密布钩状的小糙毛。花期 6—7 月，花序极简单，花序梗纤细如丝，仅有小花 1～7 朵。花紫红色，花冠 4 裂，雄蕊 4 枚。果球形，成熟时紫红色，直径约 4 毫米。分布于广东、广西、湖南等地。

白花灯笼

Clerodendrum fortunatum L.

马鞭草科 / 大青属

白花灯笼因花萼红紫色，具 5 棱，膨大形似灯笼而得名。由于其植株颜色较为暗淡，且经常叶子不完整，故又有“鬼灯笼”的别名。花果期 6—11 月。其花萼硕大，比花瓣还鲜艳夺目，白色的花从鲜艳的萼片中伸出，再从花中伸出长长的雄蕊，似神龙吐艳。萼片膨大是该属植物的共同特征，因此在野外看到这类植物，可不要把它那鲜艳的萼片错认为花瓣哦！大青属是一个非常大的属，有约 400 种植物，但在我国分布的物种较少，白花灯笼主要分布在湖北、福建、广西、江西等地的山坡、路边。

白花灯笼

白花灯笼喜欢
有阳光的地方

牡荆

Vitex negundo var. *cannabifolia* (Sieb. & Zucc.) Hand.-Mazz.

马鞭草科 / 牡荆属

牡荆的枝条柔韧无比，刚柔并济，适合编筐、织篓，也适合抽打惩戒他人，所以廉颇选择背着它负荆请罪。古代贫寒人家的女子也常以荆枝为钗，荆钗布裙，亦难掩淳朴可爱。

牡荆花开成穗，淡紫色的小花裂成2唇形，上唇2裂，下唇3裂，外面生有一层细微的小茸毛。花儿虽小，却能分泌出丰富的花蜜，是上好的蜜源植物。荆条蜜和枣花蜜一样，都是常见的蜂蜜品种。

牡荆是黄荆的变种，但黄荆还有个变种，叫荆条。这三者经常生在一处，开花的时候都很相似，区别主要在叶子。它们都是对生的掌状复叶，黄荆的小叶多数全缘，牡荆是较浅的粗锯齿，荆条则是浅裂至深裂。牡荆花期 4—6 月，我国华东、华南、西南等地都有分布。

牡荆

鸭跖草

Commelina communis L.

鸭跖草科 / 鸭跖草属

在湿润的水边或者湿地容易见到一种生着 2 枚碧蓝色花瓣的植物，民间一般叫它翠蝴蝶，它的学名叫作鸭跖草。鸭、鹅喜爱将其鲜嫩茎叶当作食物，鸭跖草的叶片形状与竹叶有些相似，所以别名叫竹节菜。而最吸引人的还是它开的蓝色花朵，花瓣汁液可被用作手工染料。鸭跖草开花结果的过程也蕴含着自然智慧，每一枚苞片之中有 2 朵花，结 2 枚果实，2 枚果实的成熟时间相隔几日，倘若先熟的种子为虫鸟所食，后熟者或可避开风险。

华山姜

Alpinia oblongifolia Hayata

姜科 / 山姜属

姜科植物的花朵结构比较复杂。一朵发育正常的姜科植物的花一般包括：苞片 1 至数枚，花被片 6 枚（外轮 3 枚萼状，内轮 3 枚花瓣状），2 枚侧生退化雄蕊，1 枚唇瓣，1 枚可育雄蕊与雌蕊。

凭借着顶生的圆锥花序，以及带花纹的漂亮唇瓣，你就可以找到哪朵姜花是属于山姜属的，这是山姜属植物最明显的两个特征。“豆蔻梢头”指的就是山姜属的物种，如艳山姜、高良姜、红豆蔻等，或者华山姜也可以算。

跟山姜属的其他植物相比，华山姜的花很小，白色。唇瓣也小，只有 6～7 毫米，上面有一些漂亮的玫红色花纹。它的花期在 5—7 月，花谢后会结出青色的果子，成熟时变红。我国东南部至西南部各省区都有分布，是林下常见的草本。

山菅

Dianella ensifolia (L.) DC.

百合科 / 山菅兰属

山菅，因其优雅狭长的叶片形态，常被认为是一种兰花，因此被称为山菅兰，实际上山菅是一种百合科的常绿草本植物，具有横走的根状茎。山菅是一种适生性极好的植物，耐阴喜阳，既可生于郁闭的林下环境，也可生于海岸带的岩石上，生长范围非常广。山菅的花并不夺目，只是会在挺立的花梗上开出绿白色至青紫色的小花，结出紫蓝色的小浆果。不管是花季还是果季，山菅都有一种不争不抢、恬静淡然的美感。因为山菅既美丽优雅，又具有好生好养的特点，在我国南方地区，许多公园或庭院将山菅应用于植物造景中。山菅虽然美丽，却全株具有较强的毒性。

山菅

山菅全株具有
较强的毒性

竹根七

Disporopsis fuscopicta Hance

百合科 / 竹根七属

竹根七常会被一些人误认作玉竹。远观时，它们的气质确实颇像，但走近了就能看出些端倪。玉竹的花由于花筒较直，顶端的裂片较短，只有 3 毫米，使它看上去更像一截由翠青玉雕成的温润玉管。而竹根七的花由于顶端裂片较长且开展，看上去便不像管子，而像个阔钟了。

但这不是它们最关键的区别，竹根七的花筒里还藏了一圈副花冠，而玉竹就没有，这也是竹根七属和玉竹所在的黄精属之间的关键区别。竹根七是常绿的多年生草本，地下的根状茎呈连珠状。它喜欢生活在林下较荫蔽的环境中，花期在 4—5 月，主要分布在我国华东、华南和西南部分地区。

野百合

Lilium brownii F. E. Brown ex Miellez

百合科 / 百合属

尽管许多观赏百合的品种都是由西方园艺家培育出来的，然而我国才是百合的原产地。野百合广泛分布在我国秦岭—淮河以南的广大地区，尽管是野生原种，但野百合与市面上我们见到的观赏百合并无太大差异，自带高贵优雅的气质。在青山绿水中，野百合就已经凭借它那大大的洁白的喇叭形花朵，力压山野乡间的各种野花。实际上，市售的百合是野百合的一个变种，二者的区别仅在于百合的叶形稍宽，呈倒卵形，而野百合的叶形稍窄，呈披针形至条形，除此之外并无太大差异。野百合的花期较晚，总是在雨水已经下过几轮之后，天气已近炎热的初夏才会姗姗绽放。也许罗大佑吟唱的“野百合也有春天”，就是在借野百合的晚花期，来劝慰大家该来的总是会来的吧！

多花黄精的
小花呈黄绿色

多花黄精

Polygonatum cyrtonema Hua

百合科 / 黄精属

黄精是传说中的仙草，吃了可以轻身腾飞，是要成仙的。当然，这些传说都是哄小孩儿的。

多花黄精算是黄精属中最常见的黄精之一了。多花黄精喜欢生长在幽深清远的山林下，它飘逸的身姿，舒展光洁的叶片，清晰的弧形脉纹展现了百合科的典型特征。它的叶片在茎上互生，若干朵黄绿色的筒状小花从叶腋间吊下来。花比较多，通常 3 朵长在一处，有时可达 7 朵，这也是它为什么会被叫作多花黄精的原因。

它肥厚的地下茎上有许多节，每节大致是个球形，每年只能长一节。地下茎是黄精的精华，也是它入药的部分。黄精属的玉竹、黄精和多花黄精都是传统的中药。多花黄精的花期在 5—6 月，长江以南大部分地区都有分布。

油点草

Tricyrtis macropoda Miq.

百合科 / 油点草属

油点草是一种多年生的草本植物，高度可达 1 米，在长江以南的省份广泛分布。不过油点草可不算是常见，因为这种植物不喜闷热，只有在海拔 800 米以上的山地中才能见到它神秘的踪影。在油点草翠绿的叶片上，散布着大小不一的暗色斑点，就像一不小心撒上去并逐渐晕开了的油滴一样，可以说这个名字非常形象了。油点草的花不算大，却十分规整，外轮花被片、内轮花被片、6 枚雄蕊、3 裂的柱头，一层层堆叠起来，再加上琳琅梦幻的紫色斑点，十分精致。

七叶一枝花

Paris polyphylla Sm.

百合科 / 重楼属

七叶一枝花这名字一听就不简单，所以各种仙侠、武侠小说中都少不了它。

它的外形跟名字描述的一模一样。7 片叶子（7 是个概数，实际上为 5～10 片）围成一圈，轮生在紫红色的茎秆上。叶子中间冒出一朵花。这朵花也很奇特。花被片有内外两轮，外轮花被片绿色，跟轮生的叶子长得一样；内轮花被片黄绿色，是一根根的细长条；倒是中间黄紫色的花蕊，显得更醒目些。花谢后它会结出紫色的蒴果，成熟开裂，然后露出许多鲜红色的柔软的种子。

一层叶片，一层花朵，就像重楼层层，所以七叶一枝花还有个名字叫重楼。它有许多变种，其中比较常见的一种是华重楼。和七叶一枝花原种比起来，华重楼的内轮花被片通常短于外轮。很多中药材都逃不过被过度采挖的宿命，七叶一枝花也是如此，它目前已被列为国家二级重点保护野生植物。花期在 4—7 月，分布于西藏、云南、贵州、四川一带。

七叶一枝花
七叶一枝花的
种子是红色的

土茯苓

Smilax glabra Roxb.

菝葜科 / 菝葜属

土茯苓又称光叶菝葜，是一种多年生攀援灌木，广布于陕西、甘肃南部，以及长江以南的省份。在土茯苓的叶柄基部，总是萦绕着一些丝丝线线，这其实是土茯苓赖以攀爬的卷须，是由土茯苓的托叶变态而成。每到冬春季节，土茯苓就会在伞形花序下结出一串带有粉霜的紫黑色小浆果，看起来十分诱人。土茯苓粗厚的根状茎富含淀粉，可用来制成糕点或是酿酒，在岭南地区，由土茯苓和龟甲制成的特色小吃龟苓膏，清热去火、爽滑利口，深受大众喜爱。

土茯苓
土茯苓的
叶柄上有卷须

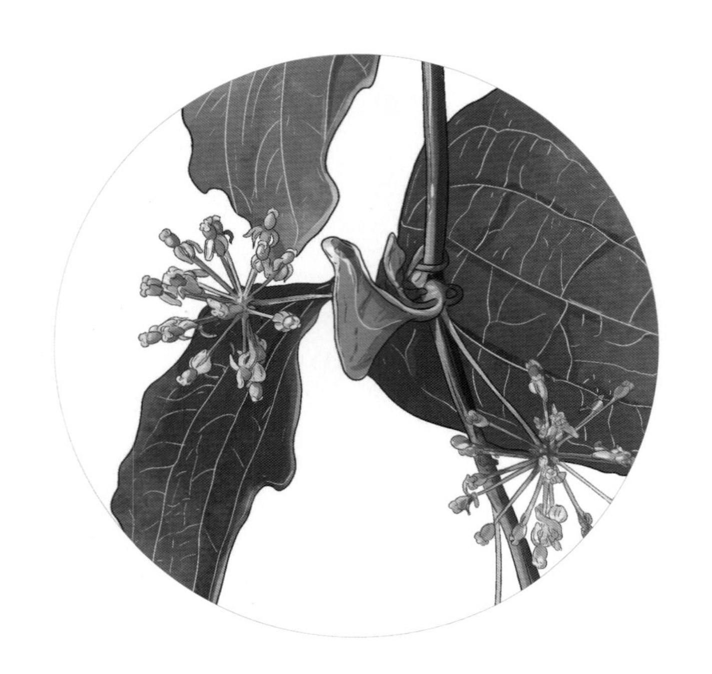

牛尾菜

Smilax riparia A. DC.

菝葜科 / 菝葜属

牛尾菜是一款很著名的山野菜，东北地区一般管它叫龙须菜，已经有人工种植。春天时采其新出的嫩芽，用滚水焯过后可以炒菜，或者煮汤。到了六七月开花的时候，还可以把它的花蕾掐下来，用盐腌制后作调料用。

不像菝葜属的其他成员，如常见的菝葜、小果菝葜、黑果菝葜之类身上带刺，牛尾菜待人很友好，身上没有刺。而且在国产的菝葜属物种当中，其他成员的茎都是木质，只有它和白背牛尾菜是中空的草质茎。牛尾菜在北方是一年生的草本，在南方则属多年生草本。雌雄异株，花朵绿黄色，浆果成熟时黑色。除内蒙古、新疆、西藏、青海、宁夏，以及四川、云南高山地区外，全国都有分布。

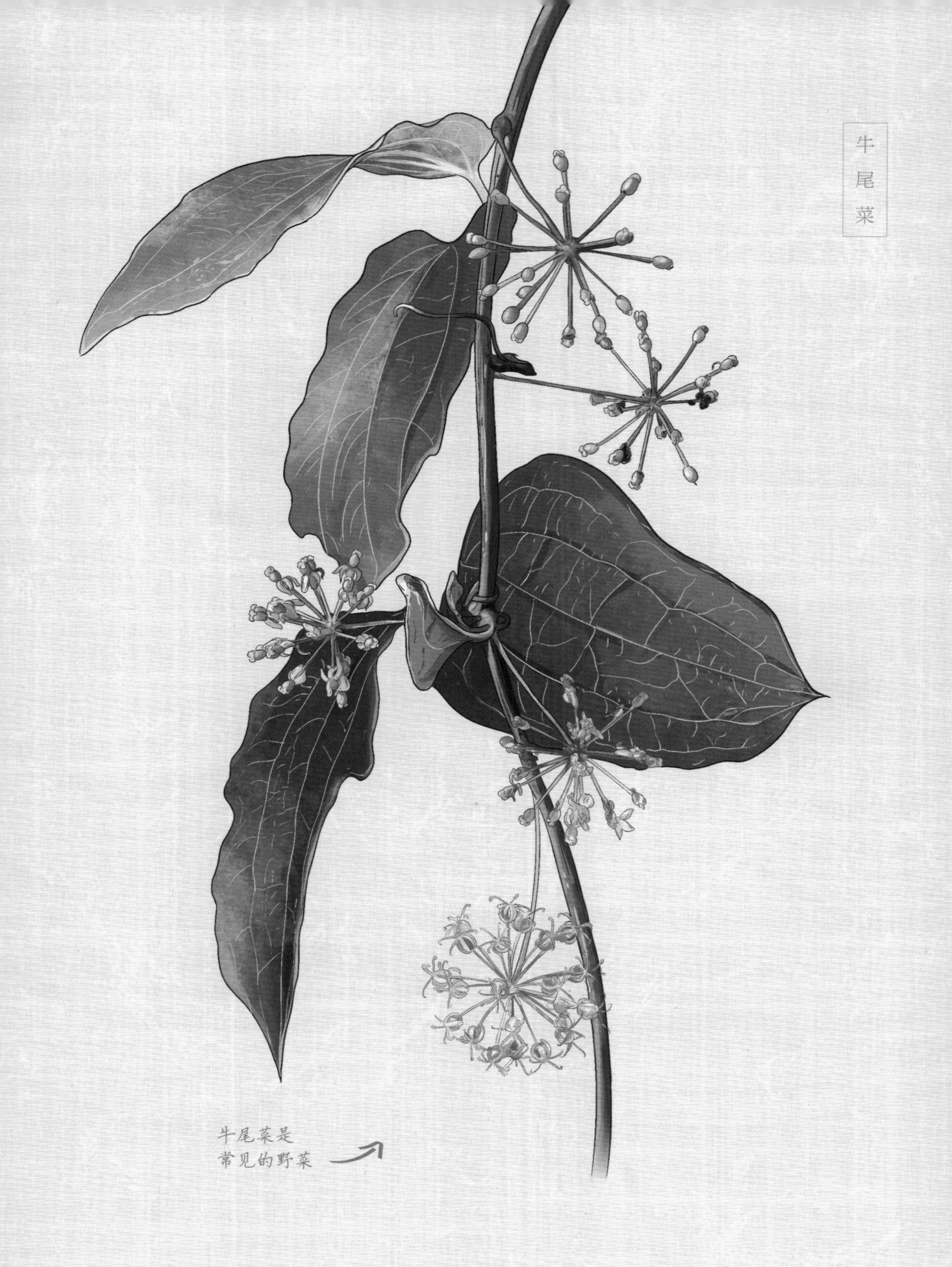
牛尾菜
牛尾菜是
常见的野菜

天南星

Arisaema heterophyllum Bl.

天南星科 / 天南星属

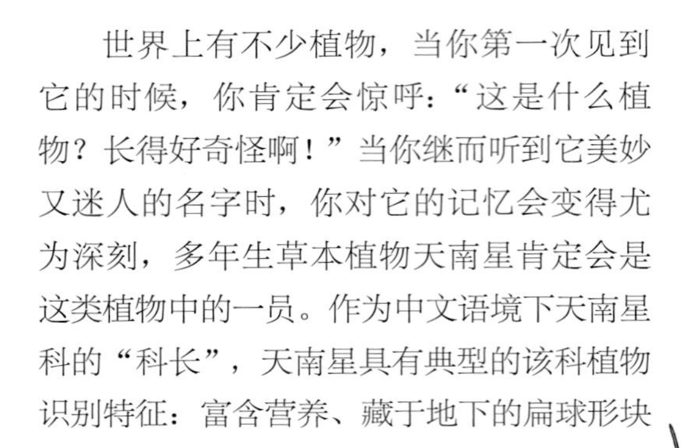

世界上有不少植物，当你第一次见到它的时候，你肯定会惊呼："这是什么植物？长得好奇怪啊！"当你继而听到它美妙又迷人的名字时，你对它的记忆会变得尤为深刻，多年生草本植物天南星肯定会是这类植物中的一员。作为中文语境下天南星科的"科长"，天南星具有典型的该科植物识别特征：富含营养、藏于地下的扁球形块茎，一片从块茎上径直长出的叶子，以及尤为独特的花冠类型——仙气飘飘的佛焰苞花冠。而作为区别特征，天南星以鸟足状或蝎尾状的叶片与它的"亲友们"区分，且令人记忆深刻。天南星的分布范围极广，几乎遍布中国从南至北的各个省份，生长于海拔 2 700 米以下的林下、灌丛或草地中。

射干

Belamcanda chinensis (L.) Redouté

鸢尾科 / 射干属

一朵射干花的寿命只有12个小时。早上7点，蓓蕾开始松动，至8点，花被片已完全展开。这一天的工作也接踵而至，花朵基部的蜜腺有条不紊地忙碌着，准备招待过路的游蜂和戏蝶。这些昆虫将会根据花被片上的斑纹（蜜导），准确抵达花蜜的位置。

此时，雄蕊已经率先成熟了，到9点，它的活力值达到了顶峰。接着，雌蕊开始发力，为降低自花授粉的概率，它还会适时地调整柱头的位置，这期间，蜜蜂和蝴蝶为了糊口依然继续疲于奔命，直到15点，蜜腺开始枯竭。花被片在接下来的几个小时会逐渐合拢，到19点彻底关闭，结束工作。第二天，已经枯萎的花被片会神奇地像麻花一样扭卷起来。

射干是一种多年生的草本，花期在6—8月。果实为蒴果，成熟后开裂外翻，会露出里面紫黑色的种子。全国大部分地区都有分布和栽培。

小花鸢尾

Iris speculatrix Hance

鸢尾科 / 鸢尾属

在古希腊神话中，Iris 的意思是“彩虹”，同时，Iris 也是负责替众神向生灵传递消息的使者的名字，传说她在天空匆匆飞过时会留下一道彩虹，连接众神与凡间。植物学家们以此命名鸢尾花，来寓意鸢尾的花色丰富。自古至今，鸢尾一直是广受人们喜爱的观赏花卉。小花鸢尾是一种广泛分布在我国南方的野生鸢尾，喜欢生长在开阔的林下、路边等光照充足的环境中。尽管是野生的种类，但小花鸢尾的颜值却不输于诸多园艺品种。5 月是小花鸢尾的花期，此时的田间地头，一片蓝紫色的小花正开得繁茂。那下垂的花被片上，生有显眼的深紫色环形斑纹和黄色的鸡冠状附属物，用以指引访花昆虫，告诉它们花蜜的讯息，也许这就是植物经过漫长演化后所拥有的独特智慧吧。

小花鸢尾
鸢尾花的花色
及形状多变

金线兰

Anoectochilus roxburghii (Wall.) Lindl.

兰科 / 金线兰属

幽暗潮湿的常绿阔叶林下，金线兰织金绚烂的叶片好像并没有想象中的那么醒目。作为一个低矮的单子叶小草本，墨绿紫黑的底色，织金嵌红的脉络，在林下黯淡杂乱的落叶丛中很容易被忽视，还是花葶上几朵干净的小白花更惹眼一些。

它的唇瓣很大，呈现出一种张开的状态，前端是 2 枚狭长的裂片，两侧边缘则缀着一些细细的流苏。由于子房没有做 180º 的大扭转，所以它的花没有倒置，唇瓣还是位于上方的。不像很多兰花唇瓣都位于下方。

金线兰是一种多年生的小草本，叶片表面拥有天鹅绒一般的质感，沿脉常有闪闪发亮的斑纹。但也有一些斑纹很少，甚至没有斑纹的个体。它的花期在 8—12 月。主要分布在我国华东、华南、西南部分地区。金线兰属的所有物种均为国家二级重点保护野生植物。

金线兰的叶面
有金红色脉网

泽泻虾脊兰

Calanthe alismatifolia Lindl.

兰科 / 虾脊兰属

虾脊兰，这个奇怪的名字源于它花瓣的形态，这一类兰花的唇瓣前端像虾尾一样3裂，而唇瓣的基部与蕊柱翅合生在一起，整个就像是一条虾脊。虾脊兰属是一类地生兰花，相较于五光十色的石斛、万代兰等种类，虾脊兰的花就略显逊色了一些，因而在园艺上较少被提及。泽泻是一种生活在水边的沼生草本，开有白黄色的小花。因泽泻虾脊兰3裂的唇瓣较大且呈白色，与泽泻的外观有一定相似度，植物学家干脆用泽泻的名字来给这种白色的虾脊兰命名。泽泻虾脊兰适生性较好，常见于我国南方海拔800～1 800米的山地林下，是一种分布较为广泛的兰花。

泽泻虾脊兰

钩距虾脊兰

Calanthe graciliflora Hayata

兰科 / 虾脊兰属

把钩距虾脊兰的一朵小花想象成一只虾，也许得需要你拥有一定的想象力。但它的美却是简单直白不需要想象的。一束阔大青绿的叶子中央，花葶高大挺秀。上面疏疏朗朗，落着几朵结构精巧的小花，于林下溪边亭亭玉立。

它白色的唇瓣有 3 枚裂片，唇盘上有 4 个褐色的斑点，以及 3 条平行的肉质脊突。萼片和花瓣的背面褐色，内面淡黄色。唇瓣后方还有一个长约 1 厘米、弯钩状的距。通常，距里面都会有花蜜，但部分靠欺骗传粉的虾脊兰属植物往往就把花蜜给省了，如泽泻虾脊兰的距里就没有蜜。而另外一些，如福贡虾脊兰，则会实实在在地给传粉昆虫提供距里的花蜜。

钩距虾脊兰是一种常绿的多年生草本兰科植物，花期 3—5 月，我国华东、华南、西南部分地区有分布。

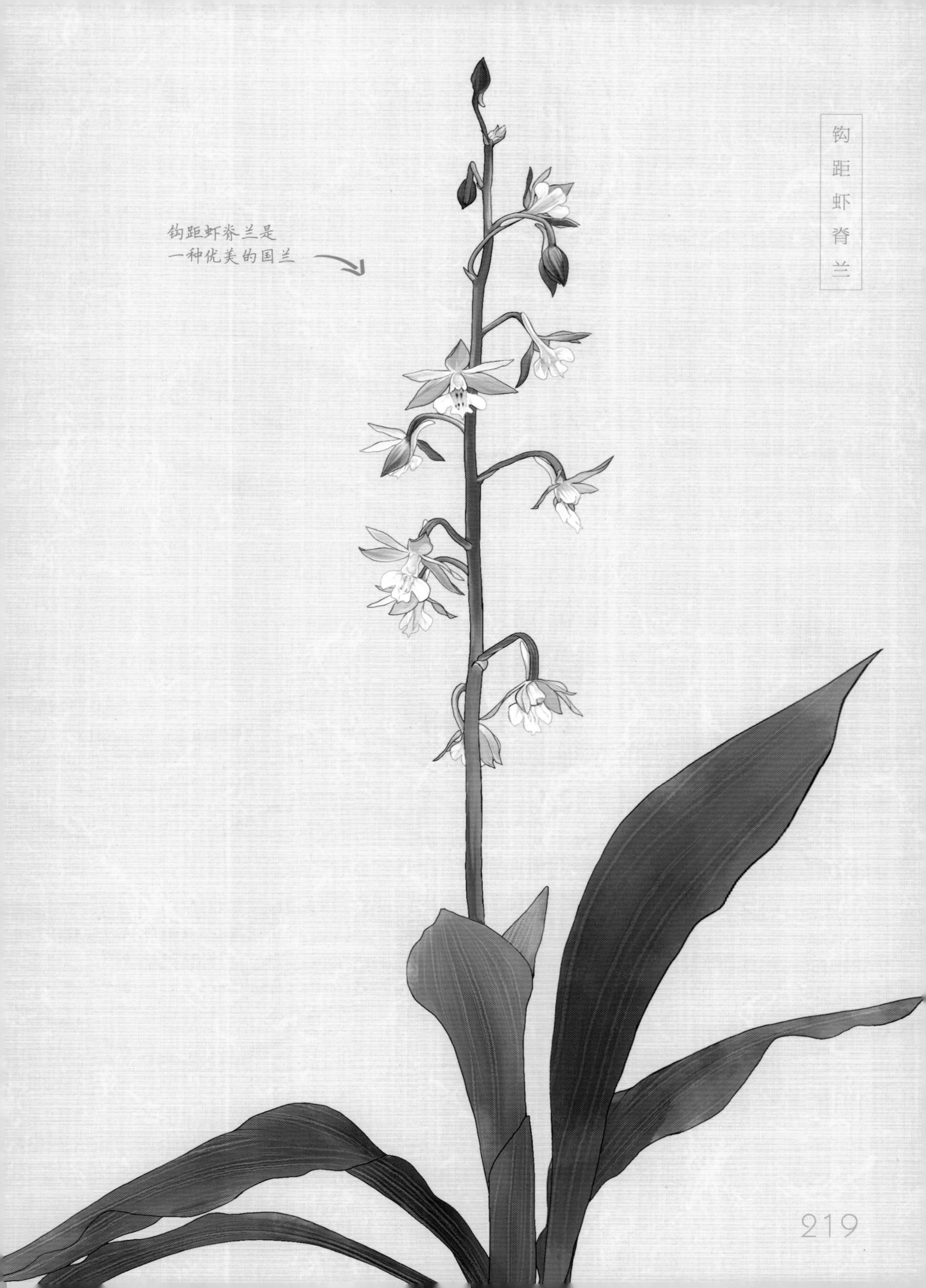
钩距虾脊兰
钩距虾脊兰是
一种优美的国兰

大序隔距兰

Cleisostoma paniculatum (Ker Gawl.) Garay

兰科 / 隔距兰属

花期 1 2 3 4 5 6 7 8 9 10 11 12

隔距兰是一类附生的兰花，叶子的质地非常厚实，通常两列扁平地排布在茎的两侧。隔距兰的花不算大，并且通常是肉质花瓣。其属名 *Cleisostoma*，就来源于希腊语 kleio（封闭）+stoma（口），指的是在隔距兰唇瓣的基部长有一突起，并与距后壁上一处加厚的胼胝相连接，使得距的入口被隔开，故称为隔距兰。大序隔距兰的种加词“*paniculatum*”意为“圆锥花序的”，较属内的其他成员，它的圆锥花序确实又大又长，且有很多分支，这也是它名字的来源。大序隔距兰的花算不上好看，但因为花序大、花量多，在花期倒也显得很是繁盛。在它黄色的花瓣上生有紫褐色的斑纹，像是老虎的花纹，因而又有“虎纹兰”“虎皮隔距兰”的俗称。

流苏贝母兰

Coelogyne fimbriata Lindl.

兰科 / 贝母兰属

流苏贝母兰的花朵呈淡淡的黄绿色

流苏贝母兰新生成的假鳞茎是橄榄状的，饱满圆润，看上去青翠可爱，光线下隐隐地似乎能看到体内有流光在回转。它们一个接一个，每隔几厘米，就从匍匐的根状茎上冒出来。随着根状茎在石壁上纵横蔓延，最终，这些可爱的假鳞茎会挤满整个长满苔藓的石壁。

先是 2 枚碧绿油亮的厚叶子从假鳞茎顶端抽了出来，接着，2 枚叶子中间又冒出一根花葶。花葶上只有 1～2 朵花，但同一时间只有 1 朵在开放。整朵花呈现出淡淡的黄绿色，仅唇瓣上有漂亮的红色斑纹。唇瓣 3 裂，2 枚侧裂片直立，中裂片近椭圆形，3 枚裂片边缘都具流苏。

流苏贝母兰是一种附生在岩石和树干上的多年生草本兰科植物，花期在 8—10 月，分布于广东、广西、云南、西藏东南部、江西、海南等地。

建兰

Cymbidium ensifolium (L.) Sw.

兰科 / 兰属

可能在小伙伴的心中一直有一个疑问，古人所喜爱的“四君子”之一的兰花，怎么跟平日里见到的花大色艳的附生兰花不一样呢？其实我国传统的兰花仅仅指的是分布在兰科兰属植物中的部分地生兰花种类，这一类兰花与热情奔放的热带兰花不同，它们没有醒目的色彩，有的只是高洁、淡雅的气质，非常符合中国传统文人的审美标准，这一类兰花统称为“国兰”，它们通常有着纤细修长的叶子和素雅的花冠。建兰就是传统国兰的一种，因其主要产于福建等东南沿海省份，故名建兰。建兰的花期以夏秋季节为主，且会在一年内多次开花，故又名秋兰、四季兰。建兰姿态优美，质朴芳香，适应性强，好生好养，是一种古往今来深受人们喜爱的国兰。

建兰是曾被朱德元帅
称赞的兰花
建
兰

寒兰

Cymbidium kanran Makino

兰科 / 兰属

寒兰的花萼狭长，形似鸡爪，与传统国兰所崇尚的“花瓣短阔”相差甚远。正因为这个缘故，和春兰、墨兰等比起来，寒兰曾备受冷落。但如今一切都好了，寒兰独特的花形，挺拔飘逸的身姿，幽微且持久的香气，让人们开始重新审视它。

寒兰是一种多年生的地生草本兰科植物，花淡黄绿色，萼片狭长，近线形。唇瓣淡黄色，不明显 3 裂，侧裂片直立，中裂片较大。花期 8—12 月。分布于我国华东、华南、西南等地区，多生于林下、溪谷旁，或稍荫蔽且湿润、多石的土壤上，适应性很强。

由于人为干扰，以及毫无节制地滥采乱挖，导致包括野生寒兰在内的许多兰属植物种群规模急剧减少，它们的生存面临着严峻的挑战。目前，兰属的所有物种当中，除美花兰和文山红柱兰被列为国家一级重点保护野生植物，兔耳兰暂未被列入名录外，其余的兰属物种都被列为国家二级重点保护野生植物。

寒兰
寒兰是在寒冬
盛开的兰花

兔耳兰

Cymbidium lancifolium Hook.

兰科 / 兰属

在兰属植物中，除了常见的地生兰花外，也有不少附生兰花。兔耳兰就是一种既可以在地面上生长，也可以依附于树干和岩石的半附生兰花。兔耳兰名字的来源不是因为它的花，而是那外形像兔子耳朵的宽大叶片，因此兔耳兰有时也被称为宽叶兰。兔耳兰在我国秦岭以南的多数省份都有分布，且较为常见，《国家重点保护野生植物名录》显示，兰属植物中仅有兔耳兰不属于保护植物，可见兔耳兰的数量之多。其实兔耳兰也是一种极具观赏价值的兰花，除了具有淡雅香气的花之外，其宽大的叶片也极具观赏价值。现有的诸多兔耳兰园艺品种中，不少就是以色彩金黄或斑斓的叶片为主要观赏点。

兔耳兰
兔耳兰的叶子
就像兔子耳朵

钩状石斛

Dendrobium aduncum Wall. ex Lindl.

兰科 / 石斛属

石斛被誉作人间仙草，通常以整个植株或茎入药，药用成分主要是石斛多糖和生物碱。在石斛属众多的物种当中，作为药用植物被广泛栽培的主要有铁皮石斛、霍山石斛、鼓槌石斛、金钗石斛等。

钩状石斛是一种多年生的附生草本兰科植物，喜欢生在裸露的岩壁和大树的树干上。茎丛生，柔软下垂，具多个节。总状花序从落了叶或者具叶的老茎节上发出，花瓣与萼片均为粉色，唇瓣白色，朝上凹陷成舟状，唇盘中间密布白色短毛。中间一点深紫色，则是蕊柱顶端药帽的颜色。它的花期在5—6月，主要分布在我国华南、西南等地区。石斛属的野生资源被采挖严重，该属的所有物种，除了曲茎石斛和霍山石斛被列为国家一级重点保护野生植物之外，其余所有物种均被列为国家二级重点保护野生植物。

钩状石斛

钩状石斛的
茎皮是紫色的

始兴石斛

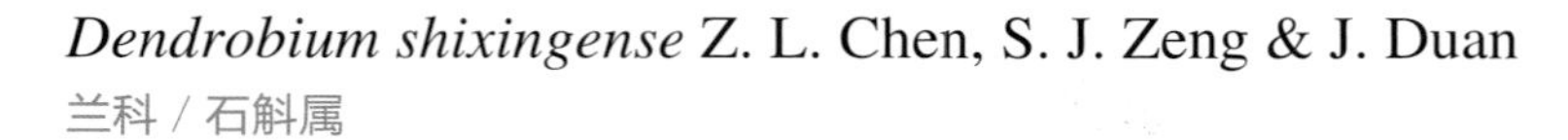

Dendrobium shixingense Z. L. Chen, S. J. Zeng & J. Duan

兰科 / 石斛属

石斛属植物在全世界约有 1 500 种，颜色极其丰富，红、橙、黄、绿、紫……成串地吊挂在湿润的岩壁和树干上，在热带和亚热带茂密的森林里显得格外醒目。

我国目前记载的石斛种类约有 105 种，其中始兴石斛是我国的特有种，模式标本便采自广东始兴。它是多年生的附生草本兰科植物，茎聚生，直立或下垂。花序从落了叶的老茎上发出，具花 1～3 朵。花白色，萼片和花瓣上端呈粉红色，唇瓣上有一个扇形的紫斑。2 枚侧萼片和唇瓣基部围合，共同形成一个囊状的结构，称作萼囊，这是石斛属的一个典型特征。

始兴石斛的花期在 4—5 月，主要分布在江西和广东始兴一带，属于国家二级重点保护野生植物。

始兴石斛

重唇石斛

Dendrobium hercoglossum Rchb. f.

兰科 / 石斛属

石斛是一类附生型兰花，属名 *Dendrobium* 由希腊语 dendro（树干）+ bios（生存）构成，也就是“附在树上生活”的意思。斛在我国古代为一种容积量器，因为石斛的茎干颇似这种量器，且附生在岩石上，故得“石斛”之名。重唇石斛是一种开着粉紫色小花的中小型石斛，假鳞茎长 10～40 厘米，在我国南方的多个省份都有分布。重唇石斛因其独特的唇瓣而得以命名，唇瓣即指兰花中心最特化的那枚花瓣，是兰花形态学分类重要的依据。重唇石斛的唇瓣分为前后两个部分，前唇是一个淡粉色的三角形，向外伸出，而后唇呈半球形向内反卷，并密生有短流苏状结构，像一排栅栏，其种加词 *hercoglossum* 正是由希腊语 hercos（栅栏）+ glossa（舌头）组成，特指重唇石斛向后反卷的后唇。

钳唇兰

Erythrodes blumei (Lindl.) Schltr.

兰科 / 钳唇兰属

提到兰花，大家首先想到的都是春兰等知名的观赏植物，其实，兰科可是一个大家族，全世界有 700 多个属，20 000 多种植物。钳唇兰就是这个大家族中的一员。

钳唇兰多生长在山坡或沟谷常绿阔叶林下阴湿处，由于花小，且颜色与土的颜色较为相近，它在野外并不显眼，只有善于观察的人才能发现它，这可能也是它适应环境的一种表现。钳唇兰属植物在我国仅有钳唇兰这一个种，需要提醒大家的是，虽然它看起来不起眼，但是可不能乱采，作为兰科的一员，它们可都属于国家珍稀濒危植物呢。

多叶斑叶兰

Goodyera foliosa (Lindl.) Benth. ex C . B. Clarke

兰科 / 斑叶兰属

兰科植物欺骗传粉的声名远播，但多叶斑叶兰就没有这么干，它依然选择老老实实地给传粉昆虫提供花蜜作为报酬。因此，它就能比那些靠“行骗”为生的兰花吸引到更多种类和数量的昆虫为其传粉。相对地，它的繁殖成功率也要高许多。

多叶斑叶兰的叶片上并没有斑纹，它和斑叶兰属的所有物种一样，都是地生的草本植物，喜生于林下或沟谷阴湿处。高度只有约20 厘米，叶片在茎上疏生。总状花序上的小花常偏向一侧。花半张，白中带粉或带绿，或者接近纯白色，中萼片因为与花瓣黏合而呈兜状，覆在小花的上方，唇瓣基部凹陷为囊状。花期 7—9 月，分布于广东、广西、四川、福建、台湾、云南，以及西藏东南部等地。

高斑叶兰

Goodyera procera (Ker Gawl.) Hook.

兰科 / 斑叶兰属

斑叶兰属是一类地生兰花，因叶片上面常具杂色的斑纹而得名。然而高斑叶兰却是斑叶兰家族特立独行的成员，它的叶子并没有不规则的杂色斑纹，而是呈现出一片亮油油的绿色。四五月是高斑叶兰的花期，它的白色花非常小且密集，这使得花葶上的总状花序犹如麦穗一般。尽管没有鲜艳的色彩，但因为有了长达50厘米的花茎，加上淡淡的芳香，盛花之时，高斑叶兰还是很招摇的。高斑叶兰在我国南方地区广泛分布，是林下阴凉处、山谷溪涧中极为常见的兰科植物。

鹅毛玉凤花

Habenaria dentata (Sw.) Schltr.

兰科 / 玉凤花属

玉凤花的唇瓣基部通常都有一个或长或短的距，距里面有蜜。一些被吸引过来的传粉昆虫，如天蛾类、夜蛾类，或者蝴蝶等，便会停靠在这些唇瓣上方，精准地把喙探入距底，吸取底部甘甜的花蜜。同时，昆虫的头部也会按照玉凤花的“算计”，准确无误地触碰到花粉块。当它们再去拜访同种的其他花朵时，这些花粉块就会被转移到被访花朵的柱头上，实现异花传粉。

鹅毛玉凤花的距长达 4 厘米，上部白色，中部以下绿色。中萼片与花瓣靠合呈兜状，唇瓣 3 裂，2 枚侧裂片前端边缘有锯齿，中裂片线状披针形。花白色，如展翅玉凤，栖于挺拔的花葶之上。它是一种地生草本兰科植物，具肉质的块茎，花期 8—10 月，主要分布于我国华东、华南、西南等地区的山坡林下或沟边。

鹅毛玉凤花
鹅毛玉凤花的花
如展翅玉凤

橙黄玉凤花的花朵
就像一架正在起飞的
"小飞机"

橙黄玉凤花

Habenaria rhodocheila Hance

兰科 / 玉凤花属

橙黄玉凤花是兰科多年生草本植物，花形奇特，其唇瓣酷似一架小飞机或小人，又有“飞机兰”的称号，最让人惊叹的是映入眼帘的那一抹橘红色，它的种加词 *rhodocheila* 也对这种形态进行了描述，有红唇的意思。橙黄玉凤花主要生长在海拔 300～1 500 米的山坡或沟谷林下阴湿处地上或岩石上覆土中。在繁殖方面，橙黄玉凤花如同其他兰科植物一样，因种子细小，胚发育不完整，种子繁殖较为困难，目前已被列为国家二级重点保护野生植物。君子爱兰，赏之有道，请让这种美丽的兰花在山野中自由绽放，不要私自采挖。

花期 7 8

镰翅羊耳蒜

Liparis bootanensis Griff.

兰科 / 羊耳蒜属

镰翅羊耳蒜的假鳞茎特别密集，这种像弹珠一样的变态茎里因储满了水分和养分而看上去总是鼓鼓胀胀的。它们被匍匐的根状茎像串珠一样紧紧地串起来，一个挨着一个，中间几乎没有什么缝隙。

作为一个附生的兰科植物，镰翅羊耳蒜的气生根也很有特点。它们极具探索性和附着性，在裸露的崖壁和树干上四处蔓延，寻找可以占据的合适表面，然后便紧紧地抓住他们。这些气生根的根尖都是绿色的，说明它们还可以进行光合作用。

假鳞茎的顶端只有一枚叶子，一根花葶。它的花较小，通常黄绿色，有时稍带褐色。侧萼片与中萼片都是长圆形，近等长。花瓣线形，唇瓣较阔，基部有 2 个胼胝体。花期 8—10 月，主要分布于我国华东、华南、西南等地区。

见血青

Liparis nervosa (Thunb.) Lindl.
兰科 / 羊耳蒜属

见血青是一种地生草本植物，羊耳蒜属的属名 *Liparis* 源于希腊文 liparos，意思是油亮的，指该属植物的叶片具光泽。因本属植物具有被白色的膜质鞘包裹的卵球形假鳞茎，加上叶子形如羊耳，所以称这类植物为“羊耳蒜”。见血青的分布范围非常广，常见于我国南方地区高海拔的林下和溪谷边。见血青这个充满了侠客风情的名字，不是因为它那紫红色的花冠，而是因为它具有治疗出血、跌打损伤的功效，是中国民间常用的止血药之一。

黄花鹤顶兰

Phaius flavus (Bl.) Lindl.

兰科 / 鹤顶兰属

黄花鹤顶兰是极好的盆栽花卉

鹤顶兰属的植物在兰花中颇有鹤立鸡群之势。有许多都是大型的地生兰，花大，叶子也大，宽阔的叶子上还有折扇状的脉纹。就连靠近地面的假鳞茎也都大而壮实。

黄花鹤顶兰高 50～150 厘米，假鳞茎硕大，长度约为 6 厘米，卵形或圆锥形，表面呈暗绿色。老的假鳞茎都是光秃秃的，只有新生的头顶才有叶子，它们总是紧紧地挤在一起，看上去就像一窝青色的石头蛋子。

黄花鹤顶兰的叶片上通常都有黄色的小斑块，花葶自假鳞茎的侧面抽出，不高出叶丛之外。总状花序上有花 6～20 朵。花朵柠檬黄色，不甚张开，萼片和花瓣差不多大，唇瓣的前端边缘红褐色，并有一圈波状的褶皱。黄花鹤顶兰的花期在 4—10 月，主要分布在我国华东、华南和西南部分地区的山坡林下阴湿处。

鹤顶兰

Phaius tancarvilleae (L’Hér.) Bl.

兰科 / 鹤顶兰属

鹤顶兰是一种十分大气的地生兰花，叶片阔长、花葶耸立，极具观赏性。鹤顶兰喜欢温暖潮湿、光照充足的环境，常见于我国华南及西南地区的山谷沿线或流水溪边。3—6 月是鹤顶兰的花期，在春夏之交，一枝花葶悄然从假鳞茎中抽出，并最终可以长至 1 米的高度，接着就是在枝顶盛开数十朵赭红色的花朵，散发着淡淡的芳香，十分壮观美丽。花开之时，花瓣招展，仿佛一排排仙鹤绕梁飞舞，因而便有了“鹤顶兰”的美称。鹤顶兰虽是一种在我国有分布的植物，但古人认为它“似兰非兰”，少了许多含蓄隽美，因此并不像钟爱国兰那样喜欢它。然而鹤顶兰却是最早一批从我国传入欧洲的观赏花卉，十分受当时欧洲贵族的欢迎。

细叶石仙桃

Pholidota cantonensis Rolfe

兰科 / 石仙桃属

石仙桃有时也被人们叫作石橄榄，不管是仙桃还是橄榄，其实指的都是它们翠绿可爱的假鳞茎。这类附生的小草本，都喜欢借助气生根攀附在长满苔藓的岩壁和树干上。

细叶石仙桃的叶子较细，只有 5～7 毫米。如弹丸般大小的假鳞茎被匍匐的根状茎串着，每隔 2 厘米左右就冒出来一个。每个假鳞茎顶端有 2 枚小叶子，花葶也会从这里冒出来，上面长出十来朵小花。小花白色或淡黄色，唇瓣偏橙黄色，整个凹陷成舟状。它的花期在 4 月，分布于广东、广西、台湾、浙江、福建、湖南、江西等地。

石仙桃

Pholidota chinensis Lindl.

兰科 / 石仙桃属

石仙桃又称石橄榄，是一种多年生附生兰花，主要分布于我国东南沿海，以及华南、西南等地区，附生于深山老林中荫蔽的岩石或树干上。石仙桃翠绿的假鳞茎在初长时呈球形，如圆润的仙桃，在长成后逐渐变得狭长，形似橄榄，因此得“石仙桃”“石橄榄”之名。不像石斛一样具有长长的茎节，石仙桃的株型更为匍匐，仅在假鳞茎的顶端长出两片叶子，将一年来所积攒的养分都储蓄到假鳞茎中，供给开花繁殖和生长。每年 4—5 月是石仙桃的花期，在它开花的时候，并不是从假鳞茎顶端的两片叶子中抽出一支花序，而是从成熟的假鳞茎底部生出一个幼嫩的假鳞茎，长出一片鞘状的小叶子，再从中抽出长长的花葶，开出一串黄白色的小花。

石仙桃
石仙桃初长的
假鳞茎像仙桃

苞舌兰

Spathoglottis pubescens Lindl.

兰科 / 苞舌兰属

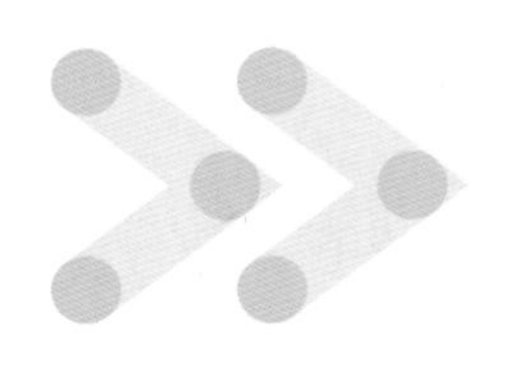

不开花的时候，你可能压根儿就看不见苞舌兰在哪儿。或许它就藏在路边向阳的草丛中，与杂草纠缠在一起。

待夏秋季节，草丛中便会骤然抽出几根长长的花葶，顶着几朵明晃晃、金灿灿的小黄花，在路边看似漫不经心地招摇着。每每看到它们，都会忍不住为其驻足，直到发现太多了，实在是太多了。如果没有人为因素的影响，苞舌兰能长成一片片的花海。

苞舌兰是一种多年生的地生草本兰科植物，适应性很强，生长迅速，在华南地区常见。它的花葶、花梗、花萼都毛茸茸的。唇瓣3裂，侧裂片直立，好像在护着花蕊。中裂片突出，像个小舌头尖，可以当昆虫访花时的降落台。它的花期为7—10月，喜欢生于山坡草丛中或者疏林下。

苞舌兰
苞舌兰的
花形雅致

绶草

Spiranthes sinensis (Pers.) Ames

兰科 / 绶草属

绶草是一种十分低矮的兰科植物，在我国的分布极为广泛，喜欢生长在山坡、草地、河滩或沼泽等湿润且阳光充足的环境。未处于花期的绶草，与草地上的杂草无异。这也让它成功地成为唯一一个以草为名的兰科植物，这在拥有近 3 万种植物的兰科大家族中可是绝无仅有的。其在开花时，会抽出长20～30厘米的纤弱的小花序，螺旋排列着粉紫色的小花。然而正是这纤弱的小花序，却是无数植物爱好者们最初的梦想。无须徒步于深山老林，在城市公园的草坪上，成片的绶草就在那里热闹地盛开着。绶草的美，是一种自然的美，它太小了，小到不值得栽到盆盆罐罐中去，然而正是这种不值得，却让它避免了繁花似锦的俗气，保留了人们心中所崇尚的最自然的气息。

绶草

绶草是兰科植物中
唯一一个以草为名的

带唇兰

Tainia dunnii Rolfe

兰科 / 带唇兰属

带唇兰是中国古老的花卉之一

带唇兰的假鳞茎是暗紫色的，呈圆柱形。顶上只生了一枚狭长的叶片，长12～35厘米。它的花葶从假鳞茎的基部侧面生出来，红棕色，直立且纤细，颤巍巍地托着顶端疏朗的十几朵小花。花朵黄褐色或棕紫色，不大，萼片的长度只有约1厘米，2枚侧萼片的基部形成了一个明显的萼囊。唇瓣黄色，前端3裂。它的花期在3—4月，长江以南各省广布。